茶  修

陈洁丹 刘婧 著

北京·旅游教育出版社

序 言

我们的《茶·修》是在一杯茶里实现的——

它，可以是一款茶品的选择——"识茶"；

它，可以是一席茶程的冲泡——"沏茶"；

它，可以是一盏茶汤的品鉴——"品茶"；

它，可以是一堂茶程的讲授——"授业"；

它，抑或是一台茶艺的比拼——"竞技"……

都是在分享我们习茶路上的收获以及感悟。

这本书，讲述了我们与学员的故事——

是我们《茶·修》十六年的修习心路，

是对"茶"的理论脉络与实践规程的系统梳理，从"不明"到"自知"，

是对"修"实践路径与学业成效的探索实证，从"外相"到"内里"，

是于"茶香中""茶苦间""茶甜里"寻得美好的故事。

希望这本书，能够成为我们与《茶·修》教师连接的桥梁——

不限于茶授业，亦不限于茶竞技，更不限于茶养心……

它有方法，它有载体，它有路径，

希望我们结伴于"习茶""修身"的路上，

习茶路迢迢，修行路漫漫……

鞠躬——敬茶！敬友！敬自己！

目　录

窗口对注

双壶对注

盏

第三章
茶清境——茶师·茶室和惬 111

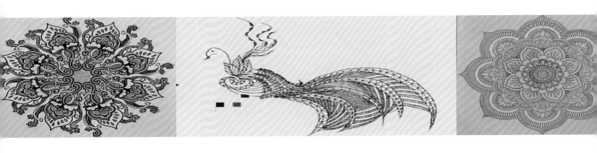

第五章
茶覃美——茶师·美学雅集 197

承接先贤智慧

足容重，手容恭，目容端，口容止，声容静，头容直，气容肃，立容德，色容庄。

——《礼记·玉藻》

独创"行茶仪轨"范式

$$茶人仪轨 = \frac{平易近人 + 眉开眼笑 + 言笑晏晏}{3} \times 双手递物 \times 先人后己$$

灵机孵化助力

"一记春雷"+"一份处方"+"一项专利"让我们"茶育行——习九容，养五律"有了载体，有了方法，有了成效！

第一章

茶育行——茶师·知礼仪轨

《茶·修》陈洁丹

一、君子习九容，茶师养五律

——承接先贤智慧

足容重，手容恭，目容端，口容止，声容静，头容
直，气容肃，立容德，色容庄。

——《礼记·玉藻》

2014 年 6 月 10 日，一份来自广东省教育厅沉甸甸的礼物——2014 年全国职业院校技能大赛高职组中华茶艺技能竞赛省选拔赛一等奖，这是《茶·修》开营之后第一次参加职业技能竞赛，也是我们课程成效的放大镜，我们找到了自己美丽的地方，也找到了自己还需"修颜"的一面，那就是如何让学员安定、雅静？因此我们在《茶·修》一书中提出了"心有万千事，相如春风生"的素养目标。

人的气象源自日积月累的行为沉淀，《茶·修》理应立足中国传统之根本，于行茶规矩中逐步养成良好的品格，才能在规矩之内获取真正的自由，最终得以实现内心的深度塑造与文化的精妙传承。历经岁月的层层积淀与打磨，方能铸就独具魅力的自我气象。

于是，我们《茶·修》的修习目标为：来茶能开，沏沏倒倒，可随时泡饮、可随时设席；开茶能辨，嗅香识味，可随时探究、可随人分享；静定成习，身有茶气、行有规矩。

因此，我们制定了旨在通过行茶过程中的自律，以获得自知的"漫茶堂"茶课五律：

☸ 一律：专致于茶，喜悦静定 ☸

二律：手面洁净，礼敬有仪

三律：席无虚物，待用无遗

四律：言行知止，进退有度

☸ 五律：无为和合，诠释茶性 ☸

☸ 专——专致于茶，喜悦静定

漫茶堂第一律：专致于茶，喜悦静定。每选一款茶品，每择一件茶器，每布一桌茶席，每司一程茶程，严格遵循茶品特性—选择合适器具—布置主题茶席—事茶静修心性；每次行茶，每次布具，零零落落，琐琐碎碎，会把浮躁的心抚静。

茶人的身心状态犹如一个能量场，她能影响茶汤的呈现，保持轻松、喜悦的心情，喜露于形，日积月累，当细致与喜悦成为习惯，"相"便由心而生，"静定"就会成为我们的气象。

我与学员们：刘文秀、杨若岚、蔡晓桐、莫丹茹（自左至右）

☸ 洁——手面洁净，礼敬有仪

漫茶堂第二律：手面洁净，礼敬有仪。面容洁净，茶具规整，茶席整洁，这是茶人本分。素手行茶，亦能养成生活中整洁之心，更易达到澄明之境。

茶人行茶"以人为主"：你喜浓稠喉韵，我便按厚重茶程行茶；你喜清淡口感，我便按轻盈茶程行茶。茶无怨言、你我皆欢喜，这就是席上之礼。席上平衡——"我"谦虚有度、"你"嘉奖多付，以你我相处舒适为宜。

学员：戴子怡、李嘉韵

❁ 用——席无虚物，待用无遗

漫茶堂第三律：席无虚物，待用无遗。窗明几净，茶是席魂，人为席主。席无虚物，样样尽其用，程无虚呈，式式极简约，取放有方，专心事茶，于人、于物、于事做减法。

作者：莫兆康   作者：卢秋香

❂ 行——言行知止，进退有度

漫茶堂第四律：言行知止，进退有度。宇宙阴阳互根互用，阳依附于阴，阴依附于阳，相互滋生、相互依存。行茶，身体阴阳相辅相成，左手为阳、右手为阴，以环抱仪轨行茶，执简驭繁。

每天一杯茶、每人一台账，记录自己行茶汤感的表达及自身的感受，每天精进、日日累积，使茶水比、水质水温、注水方式、茶器匹配，都能记在肌肉里，形成了我们双手的记忆，即使边聊天边沏茶，也不会乱了茶程、乱了心绪。

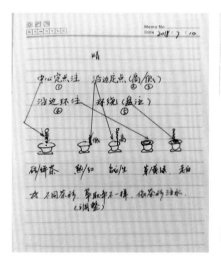 

学员陈诗雅台账

❂ 和——无为和合，诠释茶性

漫茶堂第五律：无为和合，诠释茶性。行茶，本着茶的真性，浓淡合宜才能回甘。行茶的和是与茶和、与人和，了解茶的特性，选择合适的行茶手法；行茶的合是"茶与器"合、"人与茶"合，依据茶性选择合适的茶器。行茶成了习惯，和合为一，依茶依人，成就我们杯中的茶汤。

16 年的授艺生涯，我们总结出了一道"茶师行茶"的仪轨公式，从手洁面净到轻松喜悦的养成、从言行知止到无为和合的养成，我们提炼了五个训练要素规范行茶的仪轨，并对各要素进行了标准规定：

$$茶人仪轨 = \frac{平易近人 + 眉开眼笑 + 言笑晏晏}{3} \times 双手递物 \times 先人后己$$

*平易近人——眼中有人地看：看，有专心致志，有观衅伺隙，茶客迎来送往，席间谈笑风生，始终离不开"眼中有人"，引领时、说话时、请茶时，时刻关注对方，投以关切的眼神、投以关切的问候，让对方一直在您的眼中。

*眉开眼笑——有鱼尾纹地笑：笑，有大笑浅笑，有真笑假笑，茶师一颦一笑亦有方，便是以有鱼尾纹地笑来衡量我们的面容，以眼眶筋肉带动的笑，显露真诚的笑。

*言笑晏晏——口中有词地说：说，有实话实说、有谈空说有，茶师谈玄说妙亦有度，便是以晏晏言语来度量。面对沉默寡言者，我们温顺言说，面对滔滔不绝者，我们虚词言笑。

　　* 双手递物——双手环抱递物，身体以阴阳相成，左手为阳，右手为阴，行茶以太极仪轨行茶（王琼《茶修》），如左手注水，右手出汤，左右平衡，养知止之习，养中正之气，自我和合；同时双手环抱传递物什，亦能表达关怀与礼敬。

　　* 先人后己——遵循司茶秩序，分茶汤，品茶点，茶人先人后己；展布茶席，安全与规整留给对坐饮茶人，如随手泡壶嘴不对客，茶巾齐整一面外向于人，林林总总，当考虑他人成了我们的习惯，那么我们身上就有了有序、关怀、和谐的气韵。

　　《玉藻》是《礼记》中的第十三篇，是记述礼制的篇章之一，其中很重要的篇幅就是"君子九容""足容重，手容恭，目容端，口容止，声容静，头容直，气容肃，立容德，色容庄"。这是古圣先贤对于形象行为提出的九项要求（王琼《茶修》）。

　　传承古圣先贤的智慧，以"君子九容"为指引，投身于当下生活之中。不妨就从手中的这杯茶开始，将其践行于行茶时的举手投足——步伐稳健（行至四平八稳）；四指并拢（尽显整齐划一）；目不斜视（展现专注神情）；谦恭止语（传递谦逊之态）；亲善关照（传递温暖关怀）；不偏不倚（秉持公正之心）；不急不缓（彰显沉稳气度）；简素含蓄（涵养高雅韵味）；中正整洁（养成端庄风范）。力求止于至善，以此来修养君子之风、淑女之德。

二、言行知止，酺已盖藏

——灵机孵化助力

"行茶尽事，酺已盖藏。"一杯茶汤，承载了一段茶缘，也积淀了司茶人的修为：九容知止，敬人礼茶，手面洁净，规整生活。

2016 年，我参加了广州市番禺区茶艺师职业技能竞赛，遇见了朱自励老师，与她相处，特别舒服，她妆容娴雅、她举止端庄、她言辞舒缓……朱老师给我立了一个重要的榜样——做一个让周围的人都备感舒服的人！

于是，我们对《茶·修》中"茶人美"的修习目标与内容做了调整。以下分享我们漫茶堂"茶人美"的培养故事。

◉ 2016 年春天，"体态检测"为茶修带来了一声"春雷"

一个阳光明媚的晌午，茶修营的卢同学，懊恼地站在我面前，"老师，我体态检测高低肩……"一阵沉默后，她还是哭了。"老师，茶课上您说了沉肩坠肘，与今天我们体态检测老师说的一样，茶课的沉肩坠肘对我调整高低肩是否适用？"学员的困惑给茶课茶人形象学习带来了惊蛰的味道，我的气息平稳如何传递给学员，我的安定容肃如何教与学员……此时，我灵光一现，记起了与一位太极师傅喝茶时的谈话，他提到行茶的气息调节与太极松肩活背不谋而合，当时，仅觉得志同道合，却没有悟出对于茶修授艺的有用之法。

此次，学员的诉求，倒是给我提了一个醒，经与基础课部体态管理老师协调，《茶·修》第二课堂便有了体态检测与调整项目，为同学员们检测体态、调整体态，从根本上调整自身形体，沉肩坠肘、气息平稳，也就水到渠成了。

在体态管理老师的指导下，我们成立了体态检测小组，卢同学也成为了我们《茶·修》第二课堂体态检测第一人，带动宿舍、班级以及同专业人员进行体态管理。

以前的茶课沉肩坠肘是要求，暂时在茶席上保持端坐，仅是治标；至此，我们通过体态检测和体态管理老师的干预，在《茶·修》第二课堂勤加练习，才治了本，学生泡茶不那么累了，动作也舒展了许多。

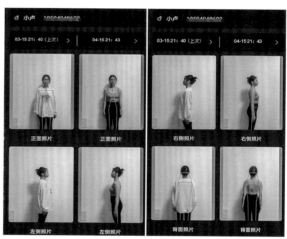

学员卢同学体态检测报告，以及一个月的"前后"检测效果

伏案工作、网课学习是我们的常态，肩、颈、背承压备受困扰，多数人都有过肩颈酸痛的经历，然而却并不会太过在意，稍作休息或是活动一番便能得以缓解。但久而久之，肩、颈、背部肌肉紧绷僵硬，椎间盘出现突出，富贵包逐渐显现，进而逐步呈现头晕、恶心、呕吐、视力模糊、四肢麻木等一系列症状，引发这些病症的原因是长期存在不良的生活习惯。

当您学会了泡茶，就不会觉着手累，更不会觉着腰酸，因为日日行茶，日日沉肩，日日坠肘，看似茶师的能耐，实则是肩肘用力合宜。

很多习茶初学者，行茶时只要一抬手，便会本能地提肘架肩，动作由"肩肘抬杠"带动"手腕操作"，肩、颈、胸便会紧绷；加上低头看茶，局部颈椎就会增加 40 多斤左右的承重。如果长期这样端着行茶，这些肌肉承载着我们所有的压力与紧张情绪，不但无法改变肩颈的习惯，反而会导致我们腰酸背痛，这也是很多初学者跟我诉说她们泡茶后身休苦痛的原因。比如，"老师，我很难改掉现在的习惯，只要用到手指，只要稍有念头，肩、肘、手、背便即刻被赋能，提壶必然提肘，我控制不了自己！"

错误示范：初学者第一次提壶、第一次出汤

因为在我们的生活日常中，除却体力劳作，已然极少有机会去施展周身的力量了。我们只需运用局部之力，便足以应对大多数的生活与工作。所以，绝大多数习茶初学者短时间内都会有扛肩、架肘、歪头等表现，怎样改变这些伤人的行茶习惯呢？

我们要有行茶稳定的气息，就要习得沉肩坠肘的要领。于茶师而言，沉肩坠肘是行茶基本功，也是修养身心的宝藏。

练习沉肩坠肘，需先明确一个关键概念——肩根。肩关节是涵盖"肩胛骨、锁骨以及肱骨"的复合关节。其中，"肩胛骨"为肩之根基——不单是肩之根基，亦是整个上肢之根基。对肩根有所了解后，便易于理解沉肩坠肘的要领了。

教师陈洁丹与学员周小欣

　　如何做到沉肩坠肘？《沉肩坠肘蕴真松治大病》中讲到了沉肩坠肘的动作要领。首先，要做到虚领顶劲，就是先让头颈、脊柱自然耸立起来，脊柱耸立起来，就等于有了身体的主梁，有了主梁，就有了沉肩坠肘的基础；其次，把肩根自然地贴在后背，这样上肢的根就有了着落；然后，开始体会，放松肩、肘、手，用后背和肩根的力量把手抬起来，手略向上领，这时候感觉一端是抬起的手，另一端是贴着后背的肩根，力量从肩根贯通到手指，中间肘和肩关节无需用力就会自然沉坠。这样我们就可以体会到沉肩坠肘的感觉了。

　　正如《沉肩坠肘蕴真松治大病》中所讲，平时行茶训练，架起手臂的力量在后背。肩关节与肘关节要自然放松，大家可以体验一个"捋"的动作——好像双手抓住一个人的手臂，然后沉肩坠肘，肩、肘关节与整只手臂融为一体，而后用腰、胯、脊背的力量转动，我们就能体验到沉肩坠肘后轻松活络、周身一气的感觉了。

　　茶师行茶，双手递物需要肩根使力，多加练习，抬手之际所用之劲是"后背之劲"，此乃松放而出之劲，之后背肌肉松通后气血畅行滋养所衍生出的中通活力。

　　因此，漫茶堂学习行茶之前，我们要求学员参加《茶·修》第二课堂的体态训练营，通过科学的体态检测，了解自己的身体，在体态管理老师的正确引导下，在训练营伙伴们的陪伴下，一起攻关自身的体态问题。

　　茶师行茶，就是时时修持，细细体悟，缓缓抬起手来，徐徐松背，松而不怠，此种看似无力实则有力的程度越高，便意味着内力越发强劲。因此，每次行茶训练伊始，我便会为每一桌茶席准备行茶动作仪规——沉肩坠肘的注意事项，将其放置于桌上，时时提醒，时时调整。后来，发现有更美观、耐用、休养身心的方法，现在，您来漫茶堂，您会看到每一桌茶席上都有一块沉肩坠肘的无事牌，每一张牌都摩挲得光润油亮，它们记录着我们学茶的光阴与美好。

茶师行茶，沉肩坠肘的目的是改变肩、肘、手、肩、颈、背的暗劲和用力习惯，实现周身气血的畅达，学会沉肩坠肘之后，行茶动作一气呵成，柔而不僵。松肌正己、气定神闲也就水到渠成。

☸ 2018 年夏天，"××魔镜"为茶修带来了一份"处方"

一个风和日丽的早上，茶修营小黄同学，施着淡妆，来到我的办公桌前，让我好好端详她的脸庞，给她的妆容作个评价。

看到学员清爽的妆容，还有脸上洋溢着的喜悦之情，我满心欢喜。仔细问来，原来学员发现了一个××魔镜APP，小黄说只要自己素颜拍照上传，一分钟后就能知道自己长相的长处与短板，难能可贵的是系统还会给出适当的修容策略。

小黄同学忙着给我看她的报告。征得小黄同学的同意，我也把她的喜悦传递给您，以下是××魔镜APP对小黄同学的检测，并根据其"三庭五眼"及"五官长相"给她提出了妆容建议：

学员黄芷瑶

小黄同学是典型的玲珑脸，有一定成熟度，智慧感高，但缺乏软甜度，所以整体面相气场较强，显精明、强干。眉眼嘴鼻清晰，下巴比较尖，锐度高，双眼皮让眼睛看起来富有灵气神韵，同时下唇较厚，下颌角略宽，有厚重感，眼角比较钝，因此在智慧感上显得既不过分精明，也不过于憨厚。有卧蚕，更添活力，眼睛走向下垂，容易看起来无辜怜爱，因此在距离感上显得面善，看起来容易接近。

以上检测分析报告显示小黄同学注意脸型保持，祛眼袋，防法令纹；眼睛长度2.3厘米偏短，低于99%的人群，眼睛短小会降低眼睛神采，妆容可以改善眼长，通过拉长眼线适当处理眼型增加眼长，放大双眼；下巴偏宽，妆容可以改善下颌——通过下巴高光，减少下颌较宽之感，能从视觉上紧致脸面；下嘴唇偏厚，唇厚看起来踏实，口红选择偏大地色系，通过色彩让下庭比例更协调；脸部中心偏高，发型上可以驾驭厚重长发且无累赘感，不建议选择短发，短发会进一步提高面部重心。

　　每个人都迫切想了解自己，包括自己的容颜、自己的性格、自己的兴趣……该魔镜 APP 的脸部检测报告的确让人动心，能知道自己长相的长处与短板，何乐而不为呢？

　　我们《茶·修》"茶人美"单元的妆容塑造，每次课前，总是苦于没有法子让同学们能快速了解到自身的"三庭五眼"与五官长相，而这次，小黄为我们找到了一款适合茶师妆容塑造的工具！

　　还是以小黄为例，结合其面容检测报告，我对其茶师妆容塑造做了如下设计：

总体妆容思路

姓名：黄芷瑶

魔镜 APP 检测报告		高智慧感，少软甜感，精明强干
茶师妆容修正目标		保持高智慧感，改善面部扁平，弱化眼影，加强轮廓柔和感
具体路径	粉底液	选择一款稍微较白的粉底液与一款自然色号的粉霜，两者混合使用，让面部色度均匀达到 1+1>2 的效果
	眼影	选择浅色打底，在眼部中间加一些亮点，但不能夸张。尽量避免使用细闪亮光眼影
	腮红	选择土橘奶茶色，让整体妆容有了普洱茶的温厚感
	唇膏	裸色系或土橘色系的口红，有点颜色的唇膏更自然
	眉毛	先在眉毛上扫一层散粉，让眉毛干爽，没有僵硬感，增加软甜度
	眼线	画眼线务必在眼线液未完全干时，用细小的刷子把它拉长到眼尾，增加眼睛长度
	修容	遮法令纹，选择比肤色亮一号的遮瑕膏；在人中和嘴唇下方打一点阴影，下巴能修长

续表

一个月妆容训练成果：
左图为魔镜建议的软甜风
右图为茶师的柔和温婉风
结合专业 APP 意见，调整自身"三庭五眼"比例，先让自己比例协调，如左图所示。在此基础之上，按照茶师形象要求塑造柔和、安定的气象，如右图所示。

每位习茶人都有自己的长相特征——或温暖、或犀利；或刚强、或甜蜜；或精明、或憨厚；或柔和、或尖锐……而如何修得茶人温暖柔和与平和近人的气象？

于是，这一次的灵光一现让一款医美 APP 与茶人形象协同，它给出具体的检测报告，我做茶师妆容建议，学员只要根据"检测报告 + 茶师妆容"，便可找到适合自己的茶师形象，坚持练习，养成习惯。

自此，我们《茶·修》"茶人美"的第二个训练路径便是：以魔镜检测分析为处方，调整自身"三庭五眼"比例，遵循茶师妆容原则，柔和自身面相的戾气与锐气，修得适合自身的茶人形象。

我们设计了一张茶师妆容修妆检测表，每次《茶·修》前评估打分，每日训练，日日比对，日日精进，以此养成学员着淡妆的习惯。

茶师妆容修妆检测表

_____年___月___日

茶师行茶，要求妆容清新自然，以恬静素雅为基调，掌握分寸，忌浓妆艳抹。选择无香气的化妆品；选择适合自身身材的茶服；尽量减少手上和腕部的饰品；保持头发清洁整齐。

	检查项目	满分	得分
粉底	粉底服帖、自然、干净度	5	
	提亮色和修饰色与脸型符合	5	
	定妆粉与粉底牢固度	5	

续表

检查项目		满分	得分
眉形	眉形符合脸型	5	
	眉毛过渡自然	5	
	左右对称	5	
	颜色是否与发色协调	5	
眼影	晕染是否符合眼型	5	
	色彩是否与茶服相协调	5	
	过渡自然柔和度	5	
眼线	描画干净,线条自然规整度	5	
	左右对称,调整眼型	5	
	增加眼睛明亮度	5	
唇形	唇形符合脸型	5	
	色彩不浓艳	5	
	边缘轮廓清晰	5	
腮红	形状符合妆型风格	5	
	过渡均匀	5	
	色泽柔和	5	
	色彩与唇色、眼影协调	5	
合分	前一次课检测分( );本次互查检测分( );是否进步( )		

◉ 2020 年春天,"经费额定"为茶修带来了一项"专利"

一个惠风和畅的早上,专业负责人老师告诉我们,以后我们饮品课程的耗材经费有额定限制,我们做好了实训耗材预算,茶品耗材费生均 65 元。

这给茶课提出了难题，原来课程实训经费没有额定，每期根据课程需要，6 大茶类 24 款茶品、茶服、茶席、茶器、茶挂件一应俱全，这是课程建设能开花结果的强有力的后盾。而今学院合并，专业增多，学院需宏观调控，平衡各专业所需耗材，这也是必需之举。

我们一度陷入了迷茫，难题如何破解？我们是否应该重构学习内容，比如茶品鉴课时压缩，减少茶品耗材？比如茶师塑形、茶席设计课时取消，减少茶服、茶器等低值易耗品？

当我拿着 10 多万字的《茶·修》教学方案时，看着 12 年沉甸甸的成果，删减耗材、压缩课时都不是上策，这是伤筋动骨的事，重构课程涉及学习目标、学习内容、学习方法、学习评价诸多方面……

还记得儿时，心心念念想进舞蹈班，却因为身高问题没法参与，心情不悦，父亲为此没少花心思，带着我逛少年宫，说那里有很多很多有趣的东西可以玩，因缘际会，一位老伯伯操纵着一支跟扫把等大的毛笔在红红的地砖上龙飞凤舞，那种潇洒，那种自由，那种能耐，吸引了我，因此我喜欢上了书法，它也成为我毕生的兴趣……父亲说，舞蹈"擦肩而过"的遗憾，给我带来了另一片大天地！有时，在错失良机的情况下，我们更需要的是耐心和智慧……忽然，我豁然开朗。

我们不改学习目标、不改学习内容，但是可以改学习方法！可以改学习评价，因此，我们天马行空、头脑风暴、集思广益……

功夫不负有心人。我们自主研发了专利——一种茶席 AR 素材库，囊括绿、黄、白、青、红、黑六大茶类 27 款茶品；囊括瓷器、陶器、大漆、玻璃、金属、竹具 6 大品类 356 款器具素材，设计了适合不同茶程、不同主题、不同质地的茶席。

茶席 AR 素材库解决实训经费额定无法满足茶服、茶器品类多样化认知与搭配的学习瓶颈，同时节约了课时，比如，"茶人美"单元的"请君入席"匹配活动，原本需要 2 学时的课程学习，同时需要准备多品类茶席、各式各样茶服、茶器、茶摆件，现在学员登录茶席 AR 素材库，便可通过鼠标"拖拽"完成"人席搭配"的实操训练（大大节约了实训经费，也节约了课前布具与学员择具的时间）；学员在茶席 AR 素材库可以进行"师生、生生"比对

PK，不但丰富了"茶人美"单元的学习内容，也提高了学习训练效率。

2020 年以前，我们"请君入席"项目花费很多经费，包括茶师图片 X 展架、各类器质器具、各类质地茶旗、各类茶席茶品等，还需提前 40 多分钟进行净器、布场、布具、布席，工作量之大可想而知。

原来的茶人美单元请君入席现场活动

现在的"茶人美"单元"请君入席"AR 活动

这是一次特别美好的"限制"，一次资源的限制，倒逼我们进行课堂改革，这是我们《茶·修》的一次里程碑式的飞跃，对此我们兴奋不已。

课程于教师而言，就是"孩子"，教师于课程而言，就是"妈妈"，孩子成长怎么样，取决于妈妈用什么方式引导。我愿意做一位勇敢辛劳的"妈妈"，我愿意迎接挑战，我愿意不计得失，一如既往地如带孩子般做好课程。

近几年来，《茶·修》相关成果获市级项目 9 项、省级奖项 8 项、国家级项目 3 项、国家专利 6 项，每一个项目背后都有故事，大多是"孩子"越长越大，每一次长大，就需要蜕变一次，顺时而变、顺势而发，它将越来越明朗、越来越经得起考验。

"一声春雷"＋"一份处方"＋"一项专利"让我们茶育行的"习九容，养五律"有了载体，有了方法，有了成效！

三、习九容，养五律
——茶育行·茶人美·训练营

◉ 茶育行·茶人美·训练营——训练内容

训练营地	习九容，养五律——茶人美	训练场所	漫茶堂，50 工位
训练形式	师徒共进—同伴互助—自身强化	训练载体	体态检测＋面相检测
内容分析			

　　《茶·修》的美感教育是以"茶"为载体，培养学员认识和创造美的能力，分别从茶品之美（茶分六色，各有千秋）、茶器之美（烹茶尽具，酺以盖藏）、茶艺之美（茶艺茶程，静心修身）、茶人之美（内有万千事，相如清风生）、茶席之美（茶席窥美，茶路无尽）五大美艺贯穿茶修课堂的全过程。

　　"茶人美"塑造包括茶师仪容、仪表，治标治本的体态管理，练成沉肩坠肘的行茶习惯，为精技训练开展奠定茶仪素养基础。

　　《茶·修》分成"茶育行、茶精技、茶清境、茶养德、茶覃美"五修，本营选取育行营：习九容，养五律（茶人美），是"精技""养德"与"覃美"训练之前的"自我提升"项目，茶人美是否得体，直接关系到茶事接待，"悦泡好茶，择象而行"，茶人美塑造是"茶·修"的前驱，耐得住苦练，方得茶人相。

学员学情	
知识与技能基础	1. 掌握礼仪妆容要素； 2. 了解人的认知基础； 3. 掌握仪表衣品搭配要义。
认知与实践能力	1. 生活美学品评； 2. 仪容仪表品评； 3. 思维跳跃，想象力丰富。

续表

学习特点	1. 积极主动，但抗挫能力较弱； 2. 好分享，轻积累；喜新奇，忧负荷； 3. 属于互联网原著民一代，熟练新媒体。

　　基于以上特征，我们的学员对于动手操作训练兴趣浓厚；外塑操作技巧容易掌握，但内修素质的认知与毅力需要培育与鼓励，怎样去呈现"茶师要仪"？怎样去强调"茶师"与"环境"的和谐？需要设计别开生面的训练任务，并设置相应的课后活动进行强化。

训练目标	
知识目标	1. 熟悉茶师妆容 6 要素； 2. 了解茶师妆容与茶席的协调统一规律。
能力目标	1. 能够根据茶席主题塑造茶师妆容； 2. 能够找出自身与茶师气象的差距； 3. 掌握行茶沉肩坠肘的关键技巧。
素质目标	1. 养成沉肩坠肘的习惯； 2. 能通过妆容的调整修复自身性格外像，涵养敬人合仪的品质； 3. 带妆上课强化训练，提升学员审美能力，激发创新思维。

训练重点和难点	
训练重点	茶师妆容塑造
处理方法	1. 自主研发"茶席 AR 素材库"训练小程序，解决资源的制约问题，加强形象思维，同时节省课堂时间，以便手把手进行"妆容"演示及修正； 2. 协同新氧 ××APP，进行面相诊断； 3. 了解自身"三庭五眼"比例，结合茶师妆容要义，找到合适自己的妆容。
训练难点	茶师气象塑造
处理方法	1. 要求后续课程"着妆上课"，有利于学生定妆立规； 2. 学员根据自身身材及茶席要义选取茶服，后续课程着茶服规范行为举止； 3. 通过行企联动平台，学员进行茶人美展示。

☯ 茶育行·茶人美·训练营——训练策略

设计理念

　　为更好地达成茶师形体与妆容（以下简称形态）目标，本营采用"四动渐进训练"理念。该训练模式以素质教育为根基，以知行统一为取向，以提高茶师形态实效为目的，主要分为"前：策动→中—群体互动→中—个体灵动→后—行动"四个步骤，兼顾知识传授、情感交流、智慧培养和个性塑造，努力实现知行统一的育人实效。

　　"四动渐进训练模式"以"互动＋灵动"为核心，提高落实训练目标的实效性。

　　1.前—策动，通过"××大师"APP进行体态检测，完成茶修第二课堂体态调整训练营项目，为茶师沉肩坠肘提供科学检测佐证。

　　2.中—群体互动，重在面相修容分享，每位学员根据"××魔镜"APP的检测报告，结合茶师妆容塑造原则，同伴互助，扬长避短，塑造适合自身的茶师形象。

　　3.中—个体灵动，通过"××魔镜"APP检测面相，尊重每个学员独特的个性差异，凸显"层次性""独特性"的特点，确保每个层次的学员都有获得知识成果的成就感，从而激发学员的求学自信心和内在动力。

　　4.后—行动，通过茶席AR素材库，完成"请君入席"的茶人形象搭配训练，巩固茶人与茶席协调统一的美育素养目标；后续日常生活着妆，进行"××魔镜"APP检测，做面相"前后"比对；后续坚持沉肩坠肘行茶月余后，通过"××大师"APP进行体态检测，做体态"前后"比对。

　　茶人美训练模式的基本流程如下图所示。

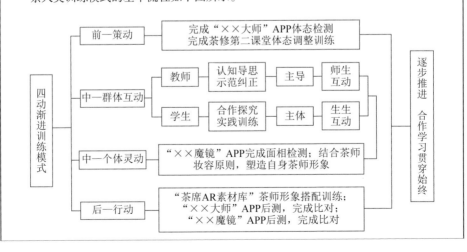

续表

"四动"紧密相连、各有侧重，形成一个环环相扣、渐进深化的有机整体，从而实现训练内容与学员体验探究的有机整合，努力构建一个充满活力、充满智慧的训练营。
训练方法与手段
使用当下流行的 APP 软件，找到与年轻人沟通的载体，遵循茶馆"TCD：做认知、做教练、做发展"训练方式，借用翻转式学习、探究式学习等学习方法，提升训练实效。 1. 面相三庭五眼"做认知"——提炼为项目的原理性训练，采用"讲授＋探究"模式。 2. 茶师茶席搭配"做示范"——提炼为项目的操作性训练，采用任务驱动法、示范比对分析法、茶席 AR 素材库匹配训练法。 3. 茶人气象养成"做发展"——提炼为课外实践强化活动，采用两个 APP 的检测结果，进行前后检测比对；持续着妆上课，不断强化自身行为举止。 以上学习手段均有工具承载，训练过程能迅速反馈学情，训练重点与难点的解决效果均可在学员打卡及测试数据包中提取，以便我们依时、依事、依人施教。 （1）使用自主研发"茶席 AR 素材库"，解决茶席素材资源的制约，进行茶人美与茶席主题搭配训练，提升茶师审美情趣。 （2）从面相美学角度出发，检测自身三庭五眼比例，调动学员变美动力，达成"茶人美"要求，内化茶师行为规范的评判标准。 （3）后续训练"着妆上课"，行企联动平台茶人之美展示打卡，有利于学员定妆立规。 "一种茶席 AR 素材库"以解决学习瓶颈为基点，率先实现茶教法专利申报，通过信息化手段加强文化熏陶力度及拓宽技艺训练路径。
训练资源
本营提供多终端的共享资源。利用成熟的信息技术，为学员提供多终端（PC 机、平板电脑以及智能手机）的学习资源，既扩大知识传播的范围，也为学员提供便捷的知识服务。

续表

类型	数量（个）	说明
信息化学习资源	茶席 AR 素材库 ×× 大师 APP ×× 魔镜 APP	"茶席 AR 素材库"为本项目提供茶师茶席匹配训练 "×× 大师 APP"为本项目提供科学的体态检测 "×× 魔镜 APP"为本项目提供科学的面相检测
辅助软件	职业锚检测、16PF 软件	"北森人才测评"软件，为学情分析提供了科学数据报告
学习微课	微视频、PPT	泡茶微课（20 集）、茶文化微课（20 集）
技师资源	技师库；支持企业单位	技师库（25 人）；课程支持单位（18 个）
学习资料	"十三五"规划教材、新形态（立体化）实训教材、茶馆员工手册、茶书籍等	教材资源（4 项）；PPT（25 个）；茶书籍（20 册）；
试题、试卷	466 道样题；茶艺师职业技能鉴定样题 10 套	单项选择题（200 道），问答题（10 道），判断题（200 道），多项选择题（50 道），实操题（6 道）

部分资源明细：

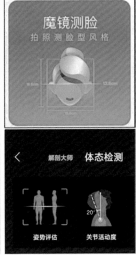

续表

训练成效评价

1. 训练评价维度

（1）过程评价：突出训练评价的发展性，采用"多元评价＋立体化评价"方式，以评促学、以评促教。

（2）评价构成：依托线上平台和软件工具评价训练前、训练中、训练后的三段数据；鼓励学员互助互评；任务参与、个人作品、小组 PK、卫生清洁，等等。

（3）增设"企业技师"评价：使用行企联动平台进行作品打卡、技术打卡，圈粉企业技师，拓宽职业路径，深化行企合作。具体评价维度及指标如下表：

评价维度	权值占比（%）
系统记录	20
营地教练	50
同伴评价	30

评价维度	指标细化占比（%）
前一策动	15
中一个体灵动	25
中一群体互动	25
后一行动	35

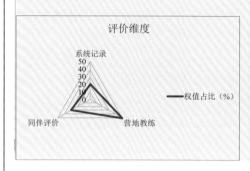

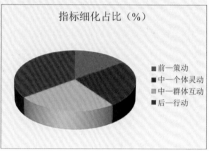

2. 训练评价系统创新

团队自主研发"茶席 AR 素材库"对学员茶师茶席匹配训练进行过程性记录（前＋中＋后），并借助专业的"××魔镜APP""××大师APP"为茶师形象塑造开"处方"。一个信息化系统提炼评价数据包，两个专业APP进行"前后"比对测试，检验学员学习成果，让训练评价有据可依。

续表

四动课堂评价明细表（系统）			
四动课堂	训练目标	评价数据路径	技能技术评价
前—策动	熟悉茶师妆容6要素	茶师妆容赏析——超星课程平台	开放课程平台导出学习数据包，统计学员自主学习频率及成绩
	能根据茶席选择合适妆容	检测体态——"××大师"APP	
中—群体互动	能够按照茶师妆容要素塑造自身面相	茶师妆容塑造——超星课程平台	开放课程平台形成过程性评价数据（系统数据提取、教师点评、同伴互评、自评）
	同伴互助，取长补短	自身面相修容——"××魔镜"APP	
中—个体灵动	能掌握自身"三庭五眼"	请君入席——茶席AR素材库	
后—行动	涵养茶师敬人合仪的人文礼仪素养与学养风范	后续课程妆容评价——超星课程平台	"××大师/××魔镜"APP"前后"检测训练成效
		后续体态检测评估——"××大师"APP	
		后续面相妆容评估——"××魔镜"APP	

❀茶育行·茶人美·训练营——训练安排

训前预学
（选用"××大师"APP、超星在线课程等平台开展）

	训练环节与内容	师—活动	徒—活动	设计意图
1	发布任务指南	超星平台发布任务	超星平台熟悉训练任务	明确训练指南

续表

训练环节与内容		师—活动	徒—活动	设计意图
2	茶人美赏析	登录超星平台确保线上打卡顺畅	完成茶师微视频赏析	引起学员关注与兴趣，了解茶人美要义
3	茶人体态检测	发布体态检测任务	完成自身体态检测；参加茶修第二课堂体态训练营"沉肩坠肘"打卡训练	初步了解自身体态特征

训中内化

（选用自主研发的"茶席 AR 素材库""××魔镜"APP、超星在线平台开展）

训练环节与内容		师—活动	徒—活动	设计意图
1	任务发放	发放训练任务单，自评及评价表、发辅助材料	接受任务，检查材料	明确学习目标与内容
2	探究＋分析	茶人美要素讲授茶师体态分析	掌握茶师妆容要义比对自身行为体态	掌握"三庭五眼"比例，了解体态妆容
3	示范＋训练	示范茶师妆容塑造观察学员及时纠偏	了解茶师成妆流程规范"三庭五眼"	掌握茶师成妆流程，能找出自身面相优劣势
4	检查＋评估	检查学员妆容情况	检查自身妆容同伴互助调整妆容	检验学员任务完成度，及时纠偏，反躬自省

训后提升

（使用茶席 AR 素材库、"××大师"APP、"××魔镜"APP）

	训练环节与内容	师—活动	徒—活动	设计意图
1	着妆强化训练	学员后续妆容指导	后续课程坚持着妆上课	强化自身妆容定相
2	茶师茶席匹配摸底	发布"请君入席"任务	完成"请君入席"任务	了解茶师茶席搭配要义；了解学员形象审美学情
3	自身体态检测	发布体态检查任务	完成体态训练效果检测报告	充分了解自己体态
4	自身面相检测	发布面相检查任务	完成面相妆容效果检测报告	充分了解自己面相

✿茶育行·茶人美·训练营——模式反思

训练不足	1. 茶器茶席成千上万种，实训过程需要大量的茶具茶器等低值易耗品。16 年的《茶·修》建设，茶器的实物积累虽然丰富但依然不足。不能完全满足不同茶席的铺设，影响茶人美的茶席匹配训练。 2. 了解茶师的"沉肩坠肘"及"素雅妆容"容易，但具体掌握"沉肩坠肘"的技巧、找到适合自身面相的茶师修容方法却需要长时间的沉淀和反复琢磨，加上本营操作性强，学员互动需要手把手教学，耗时较长。 3. "茶席 AR 素材库"是面向校、企、生三方开放，对不同学习群体的学习频率记录需要分类优化管理。

续表

改进设想	1. 本营设计亮点：环节连贯，逐步强化。茶师妆容课程操作性强，需要授艺人"手把手"学习，所需时间较长。本营紧抓训前策动环节，有专业软件检测体态，有专业软件检测面相，有自身特色的"茶席AR素材库"开展茶师形象匹配训练，引导学员掌握茶师体态及妆容要求。训练过程中，讲授示范、实操纠正，逐步强化茶师妆容及体态要求。训练后要求坚持带妆体验，引导学员自觉涵养茶师气质。 2. 本营设计有待改进之处及改进措施：采用任务驱动学习方法，由于堂练时间有限，老师在讲授与演示之后没办法及时组织学员进行讨论，只能让学员现学现做，加上不同的人对体态、妆容的理解各不相同，增加了达成学习目标的难度。对此，需要巧借第二课堂行动环节来进一步落实。

承接先贤智慧

诗文当有所本。若用古人语意，别出机杼，曲而畅之，自足以传示来世。

——《容斋诗话》

原创茶艺竞技范式

评委身心愉悦 = f（我的特点，我的苦工，我的多元）

灵机孵化助力

"跬行千里" + "同伴互助" + "先难后获"，让我们"茶精技内求诸己，外化于情"有了累积，有了韧劲，有了力量。

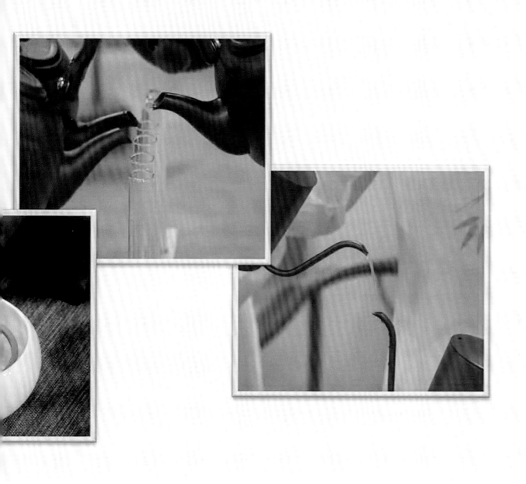

第二章

茶精技——茶师·内求诸己

《茶·修》陈洁丹

一、友至心常热，人走茶不凉

——不落窠臼出机杼

> 诗文当有所本。若用古人语意，别出机杼，曲而畅之，自足以传示来世。
>
> ——《容斋诗话》

大学时期，我很喜欢市场营销课程，因为老师在第一节课就让我们喜欢上了这门课，这或许就是"营销"的魅力！老师用一句话概括了课程学习目标："从现在开始，不管是学习还是竞赛，你只要记住'找差距'，你就是常胜将军！市场营销学的精髓就是'有别于他人'——人无我有！人有我优！人优我转！"二十多年过去了，这句话依然掷地有声，它一直指引着我"找差距—寻路径—补短板"，一步步向前走！

学习无处不拼搏，工作无处不竞争，生活无处不营销。这么多年，漫茶堂砥砺前行，时时修持日日精进，有竞有争茶创出新，我们总结了漫茶堂竞技三诀窍：

> ◉ 一窍：人无我有，一往无前 ◉
> 二窍：人有我优，另辟蹊径
> ◉ 三窍：人优我转，日就月将 ◉

❀有——人无我有，一往无前

漫茶堂第一窍：人无我有，一往无前。

2020年4月2日　周四　多云转雨　项目任务

今日，专业负责人老师布置了一项任务——以茶为主题申报广东省中小学生劳动教育基地。申报文件中对基地项目的要求：通过动手实践提升劳动技能，收获劳动快乐，进一步理解劳动内涵，树立劳动观念，养成良好的劳动风尚。

此次申报，全校将推荐6项特色研学活动，又一轮遴选申报工作即将开始，茶研学如何在全校成百上千项活动中崭露头角，不仅要有八仙过海、各显神通的本领，还得有胜人一筹、脱颖而出的功夫。

我们自身具备的资源有哪些？我们的彼方又都有谁？如何才能做到人无我有？

……

——摘自漫茶堂茶修笔记

这么多年来，漫茶堂每次项目申报，我们都本着"人无我有，一往无前"的要义开展，申报要求是"标的"，但在竞争激烈的行伍中，要做到"人无我有"就不能仅仅是对标，而是要超标，超标后的落地实施就需要拥有一往无前的勇气去执行！

接下来，我们把漫茶堂项目申报的流程"定标—破题—建模—提特"四部曲跟您分享。

一是定标

项目申报"拟定实施目标"是重中之重，以本次项目为例，如果仅仅体现劳动过程，那么夺得"标的"的可能微乎其微，因此我们对省厅的要求

"理解劳动内涵，树立劳动观念，养成良好的劳动风尚"进行解读，将其分为三级项目目标：一是提炼茶事要素，设置劳动项目；二是借助茶艺活动引发劳动兴趣；三是体验茶程礼仪养成劳动习惯。

因此，本次项目目标为：从学生身心发展的现实水平出发，将"勤能生巧、劳亦赋能、和睦共助"嵌入到茶艺劳动教育规程中，传承功夫茶茶艺。

由"一片叶子"到"一席茶程"需要茶师端庄事茶，通过茶师着装体验劳动素净规范，通过沙盘茶程了解茶师事茶的辛劳；从一杯茶汤到一种素养需要茶师仔细事茶，通过辨茶六色，体验茶师品鉴的一丝不苟，通过冲茶五程体验茶师事茶的素养。由此，形成一个良性的教学 PDCA 循环。

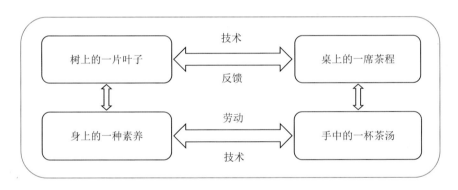

二是破题

我国茶艺从方位上可分为东、南、西、北、中五大区的区域性茶艺表达，由于本次项目为广东省特色劳动项目，那么"破题"选定的茶艺便为赫赫有名的广东文化"岭南功夫茶"，依据本次项目拟定的二级项目目标，副标题为"茶仪至美，劳育至心"。

本次"岭南功夫茶——茶仪至美，劳育至心"劳动教育项目，研学活动的前、中、后化学式融入劳动元素，培养学生的生活、生存技能，在动手动脑过程中培养学生的创新意识和实践能力。同时了解传统社会的劳动知识与技能，培养学生的劳动情感与劳动态度，使学生在亲身参与中获得劳动的体验。

破题路径一：通过"沙盘模拟茶程"诠释茶的来之不易。让同学们操作"迷你小茶人"，按照"择茶—煮水—冲泡—品鉴"各个环节，协作完成沙盘茶程摆置。通过"迷你茶程"的"置"与"同伴互助"的"协"让同学们体验茶的"劳动"。

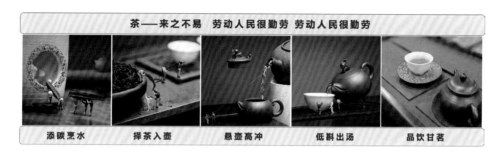

破题路径二：通过"茶艺协作与挑战"体验茶的"来之不易"。茶叶冲泡体验：两个人为一组，煮水、选茶、称样、备具、温杯、冲泡、出汤、观汤色、闻茶香、品茶汤等一系列操作流程，直观地让学生体验到从"一片树叶"到"一杯茶汤"华丽转身背后的辛劳。

破题路径三：通过"器具清洁与规整"感受劳动成果。劳动素养培养：同伴互享劳动成果——品鉴同伴的一杯茶，检查同伴的器具规整度——体验劳动的快乐。同学们在动手实践中收获了劳动带来的喜悦与满满的成就感。没有辛劳的付出，就没有可口的茶汤！

三是建模

　　建模首先要掌握项目实施对象特征，本项目对接的是 4 年级以上学段中小学生，需要探索高职专业与中小学生劳动教育的契合点，建立健全劳动育人共享机制。因此，本项目申报增加了知己知彼的彼方——项目对接服务的学校，建模需要综合考虑两校的资源与瓶颈，比如我校资源有师资软件，有设施硬件，瓶颈是对中小学段学生学情不了解；而对接服务的学校了解学情，但缺乏项目实施的资源。通过分析，两校在特色项目中的衔接角色也就明朗了。因此本项目采用"四动渐进教学模式"，以课中互动为核心，提高落实教学目标的实效性。该教学模式以素质教育为根基，以知行统一为取向，以提高课堂实效为目的，主要分为研学活动的"课前策动、课中互动、个体灵动、课后行动"四个步骤，兼顾知识传授、情感交流、智慧培养和劳动体验，努力实现知与行相统一的育人实效。

　　项目实施模式如下图所示：

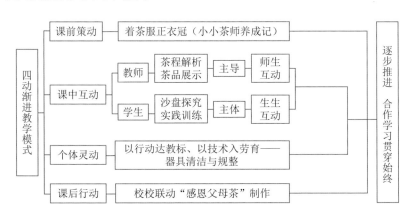

课前策动：主要围绕岭南茶艺劳动项目内容布置任务，通过"着茶服正衣冠"认知活动，驱动学生进行有效预习，通过茶服认知，了解茶师形象，激发学习兴趣，为研学活动互动探究提供知识铺垫。（课前实施主体为对接学校，需收集学员性别及身高体型，并根据学生行为特征及学情关系进行分组搭配）

课中互动：重在实物、实验导学——沙盘茶程、茶品探究、茶艺体验，设问导思，通过精心设计探究活动，使知识问题化、问题情境化、情境活动化、活动系列化，让学生在师生互动、生生互动中实现思维碰撞，在参与中分享成功的喜悦，在体验中得以发展。（活动教学主体为我校，辅助控场为对接学校，双方协同确保秩序有条不紊）

个体灵动：重在以行定教——茶事劳动，通过设计探究问题和实训活动茶六色与茶冲泡，创设情境引导学生独立自主学习，通过"拍立得"辅助呈现教学成果，通过器具规整融劳育德。充分尊重每个学生独特的个性差异，凸显层次性、独特性的特点，确保每个层次的学生都有获得知识成果的成就感，从而激发学生的求学自信心和内在动力，构筑高效课堂。

课后行动：对接家校综合素质拓展培育目标组织课后延伸活动，引导学生内化知识，将理论知识与实践相结合，将课堂所学转化为自身的自觉行为。如，一杯感恩茶任务，通过研学"后行动"使得知识得以拓展巩固。

"四动"紧密相连、各有侧重，形成一个环环相扣、渐进深化的有机整体，从而实现研学活动内容与学生体验探究的有机整合，力求体现"以学生发展为本，以学生人人成才为目标，以学生学会学习为中心，以培养学生创新能力为核心"的教育思想内涵，努力构建一个充满活力、充满智慧的研学之旅。

四是提特

校校联动，优化教学——活动前我校茶专业教师与对接学校劳育教师多次开展教研活动，了解学情，掌握学生学习兴趣与学习特点，精心设计符合小学生的"茶劳育课程"，通过前策活动——"小小茶师"形象探究任务，建立起"校、生、企"三方互动纽带，为学生的个性化学习与教师的差异化教学提供支持。

四动一脉，提高实效——活动中采用"四动"教学模式组织劳育课堂，学生参与度高，实效好。活动前策动"小小茶师"仪容仪表探究，激发兴趣；活动中互动：使用"茶沙盘"摆置，同伴互助，通过"器具清洁与规整"，体验劳动；活动后任务，"一杯感恩茶"，培养劳动兴致。"四动"有序推进，步步强化。

同伴互推，精进技能——研学活动设计采用小组合作探究的方式，活动前分组共学茶师形象规矩，学生逐一对照自省纠正。活动中组组体验与互评，在思维碰撞中深化对茶程劳动的了解。活动后开展感恩茶活动，巧借父母之力，互推共进，充分发挥学生的主体作用。

茶道育人，其香蕴品——识茶、泡茶，不仅为了一杯上乘的茶汤，更为了涵养茶人心性，本项研学活动的设计紧扣育人目标，通过严格的程序，规范的动作，茶席间的相互礼敬，渗透做人做事之理与自我调节之道，引导学生在展示、互评、交流中感受茶的妙处，涵养心性，劳育至心。

漫茶堂以岭南工夫茶——"茶仪至美，劳育至心"特色项目申报，以"人无我有"的策略（定标、破题、建模、提特），以一往无前的决心（知己知彼、竞中修持、争中知止），获得广东省中小学生劳动教育基地立项。

◉优——人有我优，另辟蹊径

漫茶堂第二窍：人有我优，另辟蹊径。

2022 年 11 月 10 日　星期四　阴

今天是注水范式开营的第一天，我与学员分享了五种注水范式——沿壁环绕冲泡、沿边定点低斟、沿边定点高冲、正心定点低斟、中心环绕冲泡。

漫茶堂茶技持修一直秉承"人有我优、另辟蹊径"的原则，因此，研创了一套茶艺注水训练方式，比如通过盘香规范注水走势，比如通过双壶对注训练悬壶高冲，比如通过铜钱注水训练正心水力等（这种训练方式已经超前于许多茶艺培训机构）。当我们美滋滋地实施教学时，一位学员的烦恼，开启了茶修营教学专利研发的又一扇门。

学员："老师，我今天注水训练，浪费了您5盘盘香，我只要一呼气，就会把盘香淋湿，好心疼！而且，我发现盘香外径比盖碗碗口大！"

说者无意，听者有心，看似普通一句话激发了我的灵感，现行注水的训练方式可以有更好的方法，比如我们是不是可以研发一种新的教具，一种可以替代盘香的教具？

——摘自漫茶堂茶修笔记

将学员的烦恼进行解读，痛点有三——一是初学者盘香容易淋湿；二是初学者气息不稳定；三是盘香盘面直径与盖碗碗口直径不等大。

因此，以环保为宗旨，以训练为目的，我们针对五种注水方式研发了两个教学教具专利，第1个是"一种训练气息稳定的茶艺行水装置"（适用于沿壁环绕冲泡、沿边定点高冲、中心环绕冲泡）；第2个是"一种茶艺定点注水教学及训练装置"（沿边定点低斟、沿边定点高冲、正心定点低斟）。

目前市面上尚无针对松散茶形、紧压茶形、细嫩茶品、重香气茶品或易萃取茶品等茶程冲泡的教学实物模型，没有显著成效的注水训练教具。现有茶艺教学茶程注水训练瓶颈，茶艺冲泡的学习仅能采用手把手教练，教学效果比较缓慢，学习者接收与消化的时间较长，并且很难内化为自身的行茶习惯。学习者在茶程冲泡、茶艺竞赛、茶事服务中会出现"手抖"的状况，主要问题在于行茶范式训练方式针对性不强。初学者对持壶的技术仅停留于"能倒水"的茶程记忆，而忽略了"注得好"的行茶注水范式，因为现有市面上没有针对茶形设计的学习注水教具，学习者很难短时间内掌握茶程注水的方法。

充分利用自有研发专利，丰富茶修教学。专利研发技术：一种训练气息稳定的茶艺行水装置。发明内容：一种训练气息稳定的茶艺行水装置结合训练实践，发明一种可以练习气息的螺旋注水装置。该装置设置了注水底座，以及安装于底座上的螺旋圈、注水标杆，结合茶艺训练的教学实际情况进行设计。

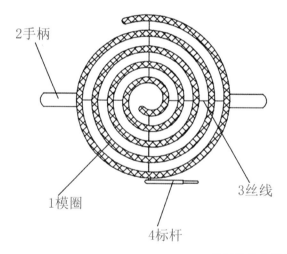

一种训练气息稳定的茶艺行水装置

如图所示：产品形状是一个以空心为起点的"一种训练气息稳定的茶艺行水装置"（俯视）。

教具结构："一种训练气息稳定的茶艺行水装置"的结构是一个平面的盘香螺旋图。

工作过程：以中心孔为起点，定点三四秒注水，之后水流沿着缝隙从中心向外一圈一圈地逆时针螺旋注水。模圈直径 8 厘米，符合标配盖碗尺寸，缝隙间隔 0.6 厘米，以控制水流速度。

本装置主要由手柄 2 和丝线 3 组成。模圈 1 整体上呈渐开式螺旋形，每一圈均为圆形。模圈 1 的最外圈连接有两个手柄 2 和一条标杆 4，相邻的圈之间连接有不锈钢丝线 3 起支撑功能，也能够防止模圈内缩或外展。标杆 4 铰接于模圈 1 的最外圈，标杆的表面标有刻度线，当需进行高注训练时，将标杆竖立（翻转）起来便能用作高注参考高度（当标杆垂直于整个盘香盖面时，必须悬壶高冲，可训练高冲水；当标杆平行于盘面时，可训练低斟缓注）。

本发明与现有背景技术相比，为茶艺教学的无形化变为具体操作规范和标准，便于学生反复练习，解决了学员的第一个痛点；该装置以盘香为基础模型，通过模型缝隙注水训练，调节气息，强化肌肉记忆，解决学员的第二个痛点；该装置通过规定模圈及缝隙大小，符合标配盖碗尺寸，提高初学者的图像迁移适应力，解决了学员的第三个痛点。此外，还可以作为其他众多茶艺爱好者自行学习和练习气和行茶的规范的学习工具。方便学习，方便携带，循环利用。

* 专利研发技术：一种茶艺定点注水教学及训练装置

发明内容：一种茶艺定点注水教学及训练装置。针对目前茶艺教学存在的教学效果慢，针对不同的茶品行茶训练工具不够多样的情况下，设计一种定点注水训练装置。根据行茶的规范和要求设置了中间定点注水孔、行茶环形注水行程通道以及在通道的上下左右 4 个中心设置了小孔径的注水练习孔，便于学习者通过本装置熟练掌握不同水柱要求的注水手法。

如图所示：产品形状是一个以五个孔为注水点的训练装置，中心孔最大，处于模型中心，模型"上、下、左、右"处于 12 点钟、6 点钟、9 点钟、3 点钟方向，孔的大小为中心孔的三分之一。

装置结构："茶艺定点注水教学及训练装置"的结构是一个平面的圆形盖面，左右各有一手柄，用于固定在盖碗上。

工作原理：盖面中心孔（直径 2 厘米）可通"大水流"，用于训练"中心定点"注水；盖面四周 4 个注水孔（直径 1 厘米）可通"细水流"，用于训练

"沿边定点"注水。

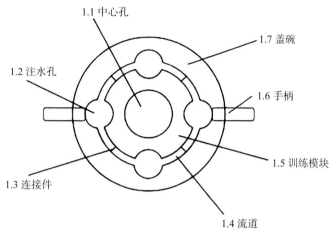

一种茶艺定点注水教学及训练装置

工作过程：以空心为注水孔，水流为壶嘴二分之一及以上，定点于盖碗上方 5 厘米处进行 3~5 秒不间断注水；以周边任一注水孔注水训练，水流为壶嘴的三分之一以内，定点于盖碗上方 2 厘米处进行 3~5 秒不间断吊水训练。

本发明与现有背景技术相比，将茶艺教学中的练习手法无形化为有形，从教学中需要学生想象到有实物模型可依，加深学习者对茶程水流技术的练习，有助于在有限的课堂时间内提高练习效率和准确率，节约教学成本。将茶程的练习通过该装置变成有"形"可依，并通过该训练装置位置时刻提醒学习者水流走势，尤其水流大小的控制。学习者可以自行通过该训练装置自主练习，大大弥补了课堂的练习时间短，且可以通过反复训练达到锻炼耐力、气息、规范动作的目的。

茶有百味，注水是关键。不同茶形，沉水速度有快慢；不同茶形，内质释放有先后，同种注水方式不能包容万千茶品。本次注水范式开营的第一炮便打开了"人有我优，另辟蹊径"的专利研发路径，两项专利均已获得授权。这是茶修营教学相长的实例，是学员的灵机孵化，也是我们教研不断精进的成果。

◉转——人优我转，日就月将

漫茶堂第三窍：人优我转，日就月将。

2022 年 9 月 8 日　星期四　多云国培项目

今日，漫茶堂又承接了一项任务——9 月 22 日，高职旅游大类专业带头人高级研修班《茶分享》在漫茶堂开课。

此次分享会我们需接待来自全省 10 余所院校 15 位专业负责人；茶会经费预算为 1000 元；《茶分享》任务有两项，一是《茶》课程思政实施，二是《茶》实训项目实操；分享时间为 2 小时。

这项《茶分享》是本次研修班的最后一堂课，培训对象为同行，培训时长较短，因此在授课方式选择及授课内容选取方面空间大，难度也大。

高职旅游大类专业均有开设《茶艺》相关课程，15 位同行走进漫茶堂，这是呈现我们茶修营训练效度一次极好的机会，也是对我们教学的一次大检验。

"友至心常热，人走茶不凉"是本次《茶分享》的目标。

——摘自漫茶堂茶修笔记

茶课不难讲、茶会不难办，但要在 2 个小时内完成本次的《茶分享》内容，着实有难度！同行都是身经百课，若《茶分享》没有亮点，将会贻笑大方。

如今，随着茶文化事业如火如荼地开展，茶会有培训性质的、有公益性质的、有招商性质的，各式各样、琳琅满目。在百花齐放、百家争鸣的茶会培训现状中，《茶分享》需本着"你优我转，日就月将"的要义来开展，方能为此次研修班画上圆满的句号。

接下来，我们与您分享漫茶堂茶会培训的流程——知人、定题、制程。

* 一是了解人

漫茶堂每一期茶修，都是因人而异，这里的"人"范畴很广，知己知彼，评估对方需求，了然自身资源，才能办出"一期一会"的精彩。

以本次《茶分享》为例，彼方有三：一是其他机构的茶分享人，二是本次研修班的所有讲授人，三是本次参训人。

评估彼方之一的其他机构的茶分享人：本次研修班接待的是来自全省高职旅游类院校的专业带头人，规格高、要求高、专业度高，如果是其他茶机构来做本次分享，那么培训将锁定名匠手艺的呈现。

评估彼方之二的本次研修班的所有讲授人：本次研修班师资水平高，广东省名师、国家名师、技术能手比比皆是。

评估彼方之三的本次参训人：外行看热闹、内行看门道，本次参训人员是同行，因此门道是我们需要专营的方向。参训对象是同行，因此抛砖引玉的角色就明朗了，同行是"玉"，我是"砖"，以这样的角色进入，才能与同行碰撞出更多的火花。

因此，此次《茶分享》需要有别于其他机构的茶艺培训形式（名匠手艺），需要有别于本次研修班的讲座模式（名师光环）。"你优"，我须"转"；"你强"，我须"变"。我从"名匠手艺"与"名师光环"中走出来，我要呈现的是茶修营"日就月将"的苦功与多元，让我们的态度打动与会者，让同行的兴致油然而生——友至心常热，人走茶不凉！

这就是我们的"你优我转，日就月将"。

* 二是定主题

漫茶堂每一期茶会定题格式为"办会时间＋办会形式"。

办会时间可以是春、夏、秋、冬，可以是二十四节气，也可以是十二时辰，以朗朗上口为宜。

办会形式可以依据办会分享任务，可以依据办会茶品品名，也可以依据办会对象事件，以词约指明为宜。

本次《茶分享》是国培项目，有明确的任务，"办会形式"依据办会分享任务来确定，过程如下：任务列举—要素梳理—主题提炼。

其一，任务列举。

本期《茶分享》任务有两项，一是《茶》课程思政，二是《茶》实训教学。每一门课程的课程思政及实训教学都有自身的建构逻辑，《茶》课程思政专营方向是"内视反听、三我平衡"。《茶》实训教学专营方向是"日日行茶、时时修持"，因此课程思政以路径分享，实训教学以项目分享，应该有一定的吸引力。

任务 1 ·《茶》课程思政：创新、路径、成效

任务 2 ·《茶》实训教学：项目、方法、评价

基于以上两项任务，梳理漫茶堂《茶》课程思政实施路径以及实训教学项目。

其二，要素梳理。

漫茶堂《茶》课程思政路径有四：

➢ 通过"识、品、泡"等细致的工序及动作精细要求，体验茶艺技术之精要妙趣，涵养工匠精细化品质——劳育
➢ 通过"辨、析、做"等学习环节，以茶会友，在和谐的氛围中体会"茶和"与"茶容"——智育
➢ 通过"看、练、验"等分享环节，悉心体会茶静心的养生之益，获得身心的健康与愉悦——德育
➢ 通过"展、评、赏"等品鉴环节，感受多元的茶文化审美情趣，提升审美能力，激发创新思维——美育

漫茶堂《茶》实训教学项目有四：

➢ 茶识别，是《茶》前驱，是否能"先声夺人"，直接影响品茶、泡茶知

识与技能掌握。茶识别直接关系到茶程范式选取、茶量茶温及萃取时间选定——悦识好茶，因茶而异。

➤ 茶品鉴，是《茶》的要义，是对"识茶技术"与"品茶技术"的检验。在"识茶"与"泡茶"之间起到了承前启后的作用——悦品好茶，因人而异。

➤ 茶沏泡，是《茶》核心，是对"茶性辨识"与"茶器搭配"的呈现。茶程沏泡直接关系到茶汤的品鉴质量——悦泡好茶，择艺而行。

➤ 茶美艺，是《茶》延展，是培养认识美和创造美的能力，是在品茶与泡茶训练实操之后的"自我提升"项目——悦行好茶，因席而异。

基于漫茶堂《茶》的"课程思政路径"与"实训项目要素"梳理，合计 8 大项目要素，考虑规定时间（2 小时）的实施可能性，选定可行性项目。

其三，主题提炼。

漫茶堂 16 年的培训经历，总结了一个主题提炼方法，我们称之为"纵横求同"矩阵法，屡试不爽，在此与您分享：

将《茶》课程思政四路径与《茶》实训教学四项目进行矩阵排列，我们以"数对（纵数，横数）"表示矩阵的位置，形成一个 16 宫格的矩阵。

矩阵的纵排为项目，矩阵的横排为路径；横纵相交求"同"字，将其列举在横纵相交数对处；由此提炼出 7 个关键字：识—品—泡—辨—验—评—展。

路径 项目	1—识、品、泡：涵养工匠品质	2—辨、析、做：体验茶和与茶容	3—看、练、验：体会茶静养生之益	4—展、评、赏：感受多元审美情趣
1—茶识别：辨	（1，1）识	（1，2）辨	/	/
2—茶品鉴：评	（2，1）品	/	/	（2，4）评
3—茶沏泡：展	（3，1）泡	/	/	（3，4）展
4—茶美艺：验	/	/	（4，3）验	（4，4）/

综上所述，以上 7 字组成"识—品—泡—辨—验—评—展"的茶事活动

便可以锚定为"茶品鉴会"。那茶品鉴会的茶品怎么确定呢？是选六大类茶？还是某一类茶品？对于同行专家，六大类茶汤的"识—品—泡—辨—验—评—展"就过于简单了，为了增加难度，我们选定了10款经典香型的凤凰单丛茶。

至此，办会时间为金秋时节、办会形式为茶品鉴会、茶品为花香馥郁的凤凰单丛，本次主题为"秋日追香"——以"茶品鉴"为明线，以"茶思政"为暗里，通过10款经典香型单丛的"识—品—泡—辨—验—评—展"，体悟我们茶教学的方法、过程与特色。

* 三是"定制程"

主题：秋日追香　　流程：识—品—泡—辨—验—评—展

时间：2 小时　　　目标：友至心常热，人走茶不凉

其一，品鉴会"日就月将"的苦功呈现。

耗材准备——单丛十款、三十茶碗、三十茶勺、三十茶荷、三十底盘、三十茶杯、十余煮壶、十余茶联、十余盘香、十五茶席。

其二，品鉴会"人优我转"的多元呈现。

茶会氛围——羽磬开场破冰、茶联书法手办、十款线香自制、器具光洁铮亮、人手私杯易识、单丛喷雾醒神、茶悟思政归纳。

其三，品鉴会"秋日追香"的流程明细。

羽磬开场破冰：以羽磬的空灵，以沉香的甘美，营造清心雅静。

茶联书法手办：从十款单丛特征中提炼茶悟茶联（品鉴会思政环节），每一品香都有故事、每一故事都是明镜，照见自己，扬长避短。

凤凰单丛	茶悟茶联	茶德
芝兰香	不以无人而不芳；不谓穷困而改节	芝兰香的节
玉兰香	冬风乍起魂飘荡，高枝片片浮暗香	玉兰香的坚
蜜兰香	浅水喧闹，深潭无波	蜜兰香的深
桂花香	祸，福之所倚；福，祸之所伏；孰知其极，其无正也	桂花香的福
肉桂香	追风赶月莫停留，平芜尽处是春山	肉桂香的冽
夜来香	心美一切皆美，情深万象皆深	夜来香的甜
银花香	大成若缺，其用不弊	银花香的全
姜母香	烟火素淡，守心自暖	姜母香的暖
杏仁香	无冥冥之志者，无昭昭之明；无惛惛之事，无赫赫之功	杏仁香的苦
黄枝香	道长且阻，行则将至；行而不辍，未来可期	黄枝香的韧

　　《秋日追香》课程思政，在于每一品香的故事或是特质，它能让我照见自己，一边品香、一边照己，是本次茶会课程思政的路径。

十款线香自制：自制十款单丛线香，作为品鉴会追香引子，开场后，通过引子品香，建立单丛十香风味库：芝兰、玉兰、蜜兰、桂花、肉桂、夜来香、银花、姜母、杏仁、黄枝。

单丛十香品鉴：扦样、把盘、外形鉴评、内质鉴评；区别香气类别，高低、浓淡、长短、清浊以及火候香等；辨别茶汤的颜色，深浅、明暗、浑浊等；填写"追香"品评表，强化自身风味库。

单丛喷雾醒神：自创茶汤雾化器，作为席间追香"考卷"。单丛十香品鉴后，随机茶汤喷雾，醒神同时寻香巩固，单丛十香辨识，引子识别，考卷强化，体验品香精要妙趣，涵养工匠精细化品质。

一期一会——秋日追香

才感盛夏、忽而入秋；风是甜的，茶是暖的。品香、追香正当时……
单丛十香、持经达变；地心之气、山野之味。杯底现枞韵、鼻腔捕山韵……

芝兰香	玉兰香	蜜兰香	桂花香	肉桂香	夜来香	茉莉香⬇银花香	姜花香⬇姜母香	杏仁香	黄枝香
√	√	√	√	√	√			√	√

芝兰香

茶介——芝兰香成茶条索紧卷壮实，色泽乌褐油润；具有自然的芝兰花香型，香气高锐细长；汤色金黄清澈明亮，滋味醇厚鲜爽，韵味清爽独特；叶底绿黄软亮，红边均匀。该品种抗逆性强，适应性广，产量高，经济效益好。1980年以来，凤凰镇各地都有扦插育苗，1990年以后，广为嫁接，已成为凤凰茶区主要栽培株系之一。秋冬季节的茶，更是高香优质。以乌崇八仙过海单丛资源为亲本育成的无性系新品种，2009年被广东省农作物品种审定委员会审定为"省级茶树品种"，茶树资源已传到省内外产茶区种植。

我的茶悟——芝兰生于幽林，不以无人而不芳；君子修道立德，不谓穷困而改节

您的茶品——（请发挥您的五感，在对应的框格里打钩）

外形	条索与芽头		整碎	净度	色泽
	紧细	显毫毛多芽头	匀整	无老梗黄叶	褐润光泽
	紧结	稍显毫有芽头	尚匀整	稍有梗片	灰褐尚润
	紧实	少芽头	欠匀整	老梗黄叶多	乌黑干瘪

汤色	汤色变化路线					
	黄绿	绿黄	金黄	橙黄	橙红	红艳

香气	浓淡	高低	长短	香气的模样		
	纯正浓郁	高扬	持久	青草香	果香	陈香
	清香	欠高扬	欠持久	花蜜香	干果香	木香
	清淡	低沉	短暂	兰花香	烟香	药香

叶底	嫩度	色泽	明暗度	匀整度	工艺
	多芽头嫩茎	绿黄	鲜亮	匀齐完整	有红梗红叶
	有芽头嫩茎	黄绿	亮	尚均匀	有糊点
	少芽头多老叶	褐黄	欠亮	欠匀齐	模糊
	老叶	橙红	暗	碎	腐败

评鉴人：

评茶日期：

一期一会——秋日追香

才感盛夏、忽而入秋；风是甜的，茶是暖的……品香、追香正当时……

单丛十香、持经达变；地心之气、山野之味……杯底现枞韵、鼻腔捕山韵……

芝兰香	玉兰香	蜜兰香	桂花香	肉桂香	夜来香	茉莉香 ↓	姜花香 ↓	杏仁香	黄枝香
√	√	√	√	√	√	银花香	姜母香	√	√

玉兰香

茶介——成茶具有自然的玉兰花香味而得名。原产乌岽山凤溪管区坪坑头村，原母树系从凤凰水仙群体品种自然杂交后代中单株选育出来的。茶树长势独特、育芽能力较强、发芽较齐、品质好，于是精心扦插育苗。

条索紧结壮实，色泽乌褐光润；具有自然的玉兰花香，香气馥郁隽永；汤色金黄明亮；滋味醇爽回甘；叶底绿腹红镶边。该茶种为优质资源，在低山种植能制出高香型单丛茶，在凤凰镇各村广为嫁接，该品种也传播至饶平县新丰镇、潮安区文祠镇、铁铺镇等地茶区。

我的茶悟——冬风乍起魂飘荡，高枝片片浮暗香

您的茶品——（请发挥您的五感，在对应的框格里打钩）

外形	条索与芽头		整碎	净度	色泽
	紧细	显毫毛多芽头	匀整	无老梗黄叶	褐润光泽
	紧结	稍显毫有芽头	尚匀整	稍有梗片	灰褐尚润
	紧实	少芽头	欠匀整	老梗黄叶多	乌黑干瘪

汤色	汤色变化路线				
	黄绿	绿黄	金黄	橙黄	橙红	红艳

香气	浓淡	高低	长短	香气的模样		
	纯正浓郁	高扬	持久	青草香	果香	陈香
	清香	欠高扬	欠持久	花蜜香	干果香	木香
	清淡	低沉	短暂	兰花香	烟香	药香

叶底	嫩度	色泽	明暗度	匀整度	工艺
	多芽头嫩茎	绿黄	鲜亮	匀齐完整	有红梗红叶
	有芽头嫩茎	黄绿	亮	尚均匀	有糊点
	少芽头多老叶	褐黄	欠亮	欠匀齐	模糊
	老叶	橙红	暗	碎	腐败

评鉴人：

评茶日期：

一期一会——秋日追香

才感盛夏、忽而入秋；风是甜的，茶是暖的。品香、追香正当时……
单丛十香、持经达变；地心之气、山野之味。杯底现枞韵、鼻腔捕山韵……

芝兰香	玉兰香	蜜兰香	桂花香	肉桂香	夜来香	茉莉香↓银花香	姜花香↓姜母香	杏仁香	黄枝香
√	√	√	√	√	√			√	√

蜜兰香
茶介——蜜兰香成茶条索紧卷壮直，呈鳝鱼黄色，油润；初制茶具有自然的兰花香，精制茶蜜味浓；汤色橙黄明亮；滋味浓醇鲜爽；回甘力强，耐冲泡。 由于该品种抗寒抗旱、生育力强、高产优质，乌崀管区和凤西管区都扦插繁殖和嫁接繁殖，该株系产值发展迅速。蜜兰香型单丛是传统的历史名茶，也是凤凰单丛十大品系中产销量最大、最稳定的品种。许多海外侨胞寄情家乡，最想念的传统口味就是蜜兰香。
我的茶悟——浅水喧闹，深潭无波
您的茶品——（请发挥您的五感，在对应的框格里打钩）

外形	条索与芽头		整碎	净度	色泽
	紧细	显毫毛多芽头	匀整	无老梗黄叶	褐润光泽
	紧结	稍显毫有芽头	尚匀整	稍有梗片	灰褐尚润
	紧实	少芽头	欠匀整	老梗黄叶多	乌黑干瘪

汤色	汤色变化路线					
	黄绿	绿黄	金黄	橙黄	橙红	红艳

香气	浓淡	高低	长短	香气的模样		
	纯正浓郁	高扬	持久	青草香	果香	陈香
	清香	欠高扬	欠持久	花蜜香	干果香	木香
	清淡	低沉	短暂	兰花香	烟香	药香

叶底	嫩度	色泽	明暗度	匀整度	工艺
	多芽头嫩茎	绿黄	鲜亮	匀齐完整	有红梗红叶
	有芽头嫩茎	黄绿	亮	尚均匀	有糊点
	少芽头多老叶	褐黄	欠亮	欠匀齐	模糊
	老叶	橙红	暗	碎	腐败

评鉴人：

评茶日期：

一期一会——秋日追香

才感盛夏、忽而入秋；风是甜的，茶是暖的。品香、追香正当时……
单丛十香、持经达变；地心之气、山野之味。杯底现枞韵、鼻腔捕山韵……

芝兰香	玉兰香	蜜兰香	桂花香	肉桂香	夜来香	茉莉香 ↓ 银花香	姜花香 ↓ 姜母香	杏仁香	黄枝香
√	√	√	√	√	√			√	√

桂花香

茶介——原为清初茅寺（今凤溪管区字茅村的平安寺）和尚栽种、管理的桂花单丛。由于朝代更迭、时局变幻、山林失火等原因，茶树衰老死亡。1958 年夏天，字茅庵脚村生产队队长在字茅山坡的荆棘丛里发现了一株奄奄一息的茶树，便采用短穗扦插育苗，培育成活一批茶苗，才保留了该品种。1976 年春，该队将 54 株桂花香的芽叶与其他单丛的芽叶分开采制，成茶故称为群体单丛茶。成茶具有自然的桂花香味：条索紧卷，呈鳝鱼黄色，油润；汤色橙黄明亮；滋味浓醇鲜爽，唇齿留香，韵味独特；叶底柔软镶红边。

我的茶悟——祸兮，福之所倚；福兮，祸之所伏；孰知其极？其无正也。

您的茶品——（请发挥您的五感，在对应的框格里打钩）

外形	条索与芽头		整碎	净度	色泽	
	紧细	显毫毛多芽头	匀整	无老梗黄叶	褐润光泽	
	紧结	稍显毫有芽头	尚匀整	稍有梗片	灰褐尚润	
	紧实	少芽头	欠匀整	老梗黄叶多	乌黑干瘪	

汤色	汤色变化路线					
	黄绿	绿黄	金黄	橙黄	橙红	红艳

香气	浓淡	高低	长短	香气的模样		
	纯正浓郁	高扬	持久	青草香	果香	陈香
	清香	欠高扬	欠持久	花蜜香	干果香	木香
	清淡	低沉	短暂	兰花香	烟香	药香

叶底	嫩度	色泽	明暗度	匀整度	工艺	
	多芽头嫩茎	绿黄	鲜亮	匀齐完整	有红梗红叶	
	有芽头嫩茎	黄绿	亮	尚均匀	有糊点	
	少芽头多老叶	褐黄	欠亮	欠匀齐	模糊	
	老叶	橙红	暗	碎	腐败	

评鉴人：

评茶日期：

一期一会——秋日追香

才感盛夏、忽而入秋；风是甜的，茶是暖的。品香、追香正当时……
单丛十香、持经达变；地心之气、山野之味。杯底现枞韵、鼻腔捕山韵……

芝兰香	玉兰香	蜜兰香	桂花香	肉桂香	夜来香	茉莉香 ⇩ 银花香	姜花香 ⇩ 姜母香	杏仁香	黄枝香
√	√	√	√	√	√			√	√

肉桂香

茶介——肉桂香，因成茶滋味近似中药材肉桂的气味而得名。茶树每年新梢生长 3 轮次，10 月中旬为新梢休止期。盛花期在 11 月中旬，花量中等，结实率低。

肉桂香成茶具有如下品质特征：外形紧直重实匀齐，色泽乌润微带黄褐；具有浓郁肉桂香味；汤色橙黄明亮；滋味醇厚甘滑。该茶单株产量高。

我的茶悟——追风赶月莫停留，平芜尽处是春山。

您的茶品——（请发挥您的五感，在对应的框格里打钩）

外形	条索与芽头		整碎	净度	色泽
	紧细	显毫毛多芽头	匀整	无老梗黄叶	褐润光泽
	紧结	稍显毫有芽头	尚匀整	稍有梗片	灰褐尚润
	紧实	少芽头	欠匀整	老梗黄叶多	乌黑干瘪

汤色	汤色变化路线					
	黄绿	绿黄	金黄	橙黄	橙红	红艳

香气	浓淡	高低	长短	香气的模样		
	纯正浓郁	高扬	持久	青草香	果香	陈香
	清香	欠高扬	欠持久	花蜜香	干果香	木香
	清淡	低沉	短暂	兰花香	烟香	药香

叶底	嫩度	色泽	明暗度	匀整度	工艺
	多芽头嫩茎	绿黄	鲜亮	匀齐完整	有红梗红叶
	有芽头嫩茎	黄绿	亮	尚均匀	有糊点
	少芽头多老叶	褐黄	欠亮	欠匀齐	模糊
	老叶	橙红	暗	碎	腐败

评鉴人：

评茶日期：

一期一会——秋日追香

才感盛夏、忽而入秋；风是甜的，茶是暖的。品香、追香正当时……
单丛十香、持经达变；地心之气、山野之味。杯底现枞韵、鼻腔捕山韵……

芝兰香	玉兰香	蜜兰香	桂花香	肉桂香	夜来香	茉莉香↓银花香	姜花香↓姜母香	杏仁香	黄枝香
√	√	√	√	√	√			√	√

夜来香

茶介——成品茶具有自然的夜来香花香而得名。此品种是管理人文明乔的先辈从凤凰水仙群体品种自然杂交后代中单株选育而来，系有性繁殖植株，小乔木型，树龄有300多年。该株茶树的成茶为华侨定购，直销海外。

夜来香单丛成茶具有如下品质特征：条索紧结壮实，浅褐油润；香气浓郁悠长，具有夜来花香；汤色金黄明亮；滋味鲜醇甘爽，韵味独特，回甘强，耐冲泡；叶底软亮。

我的茶悟——心美一切皆美，情深万象皆深。

您的茶品——（请发挥您的五感，在对应的框格里打钩）

外形	条索与芽头		整碎	净度	色泽
	紧细	显毫毛多芽头	匀整	无老梗黄叶	褐润光泽
	紧结	稍显毫有芽头	尚匀整	稍有梗片	灰褐尚润
	紧实	少芽头	欠匀整	老梗黄叶多	乌黑干瘪

汤色	汤色变化路线					
	黄绿	绿黄	金黄	橙黄	橙红	红艳

香气	浓淡	高低	长短	香气的模样		
	纯正浓郁	高扬	持久	青草香	果香	陈香
	清香	欠高扬	欠持久	花蜜香	干果香	木香
	清淡	低沉	短暂	兰花香	烟香	药香

叶底	嫩度	色泽	明暗度	匀整度	工艺
	多芽头嫩茎	绿黄	鲜亮	匀齐完整	有红梗红叶
	有芽头嫩茎	黄绿	亮	尚均匀	有糊点
	少芽头多老叶	褐黄	欠亮	欠匀齐	模糊
	老叶	橙红	暗	碎	腐败

评鉴人：

评茶日期：

一期一会——秋日追香

才感盛夏、忽而入秋；风是甜的，茶是暖的。品香、追香正当时……
单丛十香、持经达变；地心之气、山野之味。杯底现枞韵、鼻腔捕山韵……

芝兰香	玉兰香	蜜兰香	桂花香	肉桂香	夜来香	茉莉香↓	姜花香↓	杏仁香	黄枝香
√	√	√	√	√	√	银花香	姜母香	√	√

银花香

茶介——经过茶专家和茶农多方品鉴，认为其香型近似凤凰山上野生的金银花，故取名为"银花香"。"银花香"因茶树种在"鸭屎土"茶园（"鸭屎土"其实是黄壤土，含有矿物质白垩），因此本地人也称鸭屎香。其外形条索粗壮，匀整挺直，黄褐油润；冲泡花香馥郁持久，滋味浓醇鲜爽，润喉回甘；汤色清澈黄亮，叶底边缘朱红，叶腹黄亮，素有"绿叶红镶边"之称，具有独特的山韵品格；另有一些特殊山场及树种的茶青，经碳火慢焙一段时间后，口感及香气变得更加独特，"山韵"较轻火茶更为深厚，耐泡度亦更高。

我的茶悟——大成若缺，其用不弊。

您的茶品——（请发挥您的五感，在对应的框格里打钩）

外形	条索与芽头		整碎	净度	色泽
	紧细	显毫毛多芽头	匀整	无老梗黄叶	褐润光泽
	紧结	稍显毫有芽头	尚匀整	稍有梗片	灰褐尚润
	紧实	少芽头	欠匀整	老梗黄叶多	乌黑干瘪

汤色	汤色变化路线					
	黄绿	绿黄	金黄	橙黄	橙红	红艳

香气	浓淡	高低	长短	香气的模样		
	纯正浓郁	高扬	持久	青草香	果香	陈香
	清香	欠高扬	欠持久	花蜜香	干果香	木香
	清淡	低沉	短暂	兰花香	烟香	药香

叶底	嫩度	色泽	明暗度	匀整度	工艺
	多芽头嫩茎	绿黄	鲜亮	匀齐完整	有红梗红叶
	有芽头嫩茎	黄绿	亮	尚均匀	有糊点
	少芽头多老叶	褐黄	欠亮	欠匀齐	模糊
	老叶	橙红	暗	碎	腐败

评鉴人：

评茶日期：

一期一会——秋日追香

才感盛夏、忽而入秋；风是甜的，茶是暖的。品香、追香正当时……

单丛十香、持经达变；地心之气、山野之味。杯底现枞韵、鼻腔捕山韵……

芝兰香	玉兰香	蜜兰香	桂花香	肉桂香	夜来香	茉莉香 ↓ 银花香	姜花香 ↓ 姜母香	杏仁香	黄枝香
√	√	√	√	√	√			√	√

姜母香

茶介——茶树主要生长在海拔950米的凤西管区大庵村，因茶汤滋味甜爽中带有轻微的生姜辛味而得名。同时，由于其香气清高可使满室生香，又称"通天香"。母树生长在海拔900米的凤西管区中坪村东南的茶园里，系有性繁殖植株，小乔木型，管理人为张世信，树龄200多年。成茶具有如下品质特征：条索紧结匀整，乌褐油润；香气清锐持久，具有姜花清香；汤色金黄明亮；滋味醇厚爽口，甜醇中带有微辣生姜味，喉感独特，山韵味明显，耐冲泡；叶底软亮红镶边。

我的茶悟——烟火素淡，守心自暖。

您的茶品——（请发挥您的五感，在对应的框格里打钩）

外形	条索与芽头		整碎	净度	色泽	
	紧细	显毫毛多芽头	匀整	无老梗黄叶	褐润光泽	
	紧结	稍显毫有芽头	尚匀整	稍有梗片	灰褐尚润	
	紧实	少芽头	欠匀整	老梗黄叶多	乌黑干瘪	

汤色	汤色变化路线					
	黄绿	绿黄	金黄	橙黄	橙红	红艳

香气	浓淡	高低	长短	香气的模样		
	纯正浓郁	高扬	持久	青草香	果香	陈香
	清香	欠高扬	欠持久	花蜜香	干果香	木香
	清淡	低沉	短暂	兰花香	烟香	药香

叶底	嫩度	色泽	明暗度	匀整度	工艺	
	多芽头嫩茎	绿黄	鲜亮	匀齐完整	有红梗红叶	
	有芽头嫩茎	黄绿	亮	尚均匀	有糊点	
	少芽头多老叶	褐黄	欠亮	欠匀齐	模糊	
	老叶	橙红	暗	碎	腐败	

评鉴人：

评茶日期：

一期一会——秋日追香

才感盛夏、忽而入秋；风是甜的，茶是暖的。品香、追香正当时……

单丛十香、持经达变；地心之气、山野之味。杯底现枞韵、鼻腔捕山韵……

芝兰香	玉兰香	蜜兰香	桂花香	肉桂香	夜来香	茉莉香↓	姜花香↓	杏仁香	黄枝香
√	√	√	√	√	√	银花香	姜母香	√	√

杏仁香

茶介——因成茶冲泡时有杏仁的香味而得名。该茶母树生长在海拔约 650 米的凤溪管区庵脚村东南的山腰茶园里，管理人为李金鹏，新梢每年生长 3 轮次，9 月底起为新梢休止期。

杏仁香成茶具有如下品质特征：条索紧卷，色泽灰褐；具有杏仁香味，香气尚清高；汤色橙黄，韵味独特持久，滋味甘醇。

我的茶悟——无冥冥之志者，无昭昭之明；无惛惛之事，无赫赫之功。

您的茶品——（请发挥您的五感，在对应的框格里打钩）

	条索与芽头		整碎	净度	色泽	
外形	紧细	显毫毛多芽头	匀整	无老梗黄叶	褐润光泽	
	紧结	稍显毫有芽头	尚匀整	稍有梗片	灰褐尚润	
	紧实	少芽头	欠匀整	老梗黄叶多	乌黑干瘪	

	汤色变化路线					
汤色	黄绿	绿黄	金黄	橙黄	橙红	红艳

	浓淡	高低	长短	香气的模样		
香气	纯正浓郁	高扬	持久	青草香	果香	陈香
	清香	欠高扬	欠持久	花蜜香	干果香	木香
	清淡	低沉	短暂	兰花香	烟香	药香

	嫩度	色泽	明暗度	匀整度	工艺	
叶底	多芽头嫩茎	绿黄	鲜亮	匀齐完整	有红梗红叶	
	有芽头嫩茎	黄绿	亮	尚均匀	有糊点	
	少芽头多老叶	褐黄	欠亮	欠匀齐	模糊	
	老叶	橙红	暗	碎	腐败	

评鉴人：

评茶日期：

一期一会——秋日追香

才感盛夏、忽而入秋；风是甜的、茶是暖的。品香、追香正当时……

单丛十香、持经达变；地心之气、山野之味。杯底现枞韵、鼻腔捕山韵……

芝兰香	玉兰香	蜜兰香	桂花香	肉桂香	夜来香	茉莉香↓银花香	姜花香↓姜母香	杏仁香	黄枝香
√	√	√	√	√	√			√	√

黄枝香

茶介——具有自然栀子花香味的优质水仙茶，称为黄枝香单丛茶。生产这种香型茶叶的茶树称为黄枝香单丛茶树，俗称黄枝香。黄枝香单丛茶树生命力强，适应性广，抗逆力强，抗寒能力强。黄枝香型是目前凤凰茶区种植资源多、分布应用广、产销量较大的花香型品系。黄枝香成茶具有如下品质特征：外形条索紧结重实、色泽乌褐油润；汤色金黄明亮；花香浓郁；滋味甘醇，老丛韵味独特，回甘力强，耐冲泡；叶底软亮带红镶边。

我的茶悟——道长且阻，行则将至；行而不辍，未来可期。

您的茶品——（请发挥您的五感，在对应的框格里打钩）

外形	条索与芽头		整碎	净度	色泽
	紧细	显毫毛多芽头	匀整	无老梗黄叶	褐润光泽
	紧结	稍显毫有芽头	尚匀整	稍有梗片	灰褐尚润
	紧实	少芽头	欠匀整	老梗黄叶多	乌黑干瘪

汤色	汤色变化路线					
	黄绿	绿黄	金黄	橙黄	橙红	红艳

香气	浓淡	高低	长短	香气的模样		
	纯正浓郁	高扬	持久	青草香	果香	陈香
	清香	欠高扬	欠持久	花蜜香	干果香	木香
	清淡	低沉	短暂	兰花香	烟香	药香

叶底	嫩度	色泽	明暗度	匀整度	工艺
	多芽头嫩茎	绿黄	鲜亮	匀齐完整	有红梗红叶
	有芽头嫩茎	黄绿	亮	尚均匀	有糊点
	少芽头多老叶	褐黄	欠亮	欠匀齐	模糊
	老叶	橙红	暗	碎	腐败

评鉴人：

评茶日期：

二、能量在心，技艺在手

——内求诸己化于情

> 不怨胜己者，反求诸己而已矣。
>
> ——孟子《孟子·公孙丑上》

1997 年夏，我中考失利，心情低落，整日一副伤心失意的模样。临近开学的一天，父亲拿了四件钳工工具——钢凿、铁锤、麻绳、铁块，跟我们三姐弟分享了他八级钳工考试的一道考题，也让我们思考，想想办法。

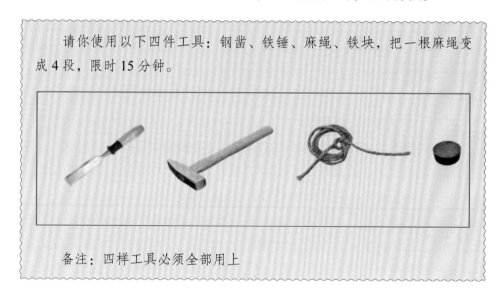

请你使用以下四件工具：钢凿、铁锤、麻绳、铁块，把一根麻绳变成 4 段，限时 15 分钟。

备注：四样工具必须全部用上

我们从小就很喜好父亲给我们"出题"，因为每一次三人的回答都能让大家哈哈大笑，父亲总能在我们不太靠谱的回答中找到我们仨不一样的闪光点，所以每次遇到这种"问题"，我们都是争先恐后、摩拳擦掌。

这次的题目好难，我们各自讲了许多办法，但都不符合"四样物件都用上"这个条件！最后，父亲允许我们一起商量！我们商量了一个方法——将麻绳放置在铁块上，钢凿凿刀置于麻绳上，再用铁锤捶打钢凿，这样麻绳就会被截断。父亲听后，把我们仨夸了一通："真不错！我们好多技工都没有想到这个方法呀！来，你们试试看！"

这种粗活，肯定是弟弟干，弟弟撸起袖子，在规定的时间内，只凿断了一截。父亲给我们复盘了弟弟的操作过程，我们才知道问题出在哪里：圆形铁块面积小，直径大概仅是钢凿刀头的 1.5 倍，加之麻绳较粗，导致铁锤使力时，铁块容易移位，这大大浪费了我们的时间；接着父亲让我们两姐妹拉紧麻绳（像拔河一样使力），通过麻绳的拉力压住铁块，这时弟弟再捶打钢凿时，麻绳依凿而断！我们太开心了，我们解了一道八级钳工题。这时，父亲又说："那次钳工考级，只有我 1 人通过了，很多技术工人都折在了这个问题上，你们知道为什么这么多技术工人在这个小问题上乱了分寸吗？这几样物件是我们兜里经常揣着的，太熟悉不过了，以至于惯性思维，只看到了它们惯用的功能，没能看到它们其他的可能性！这就是问题所在！另外，钳工考试是单人作业，这时的固定思维就更是屏蔽了很多事物的功用，特别是在考试限时的紧张气氛下。凡事，多动脑筋，多挖可能，不要抱怨，你才能越来越好！"

这是中考失意后，父亲给我上的一堂辅导课。打那时起，我们记住了——看着简单的事，做起来不一定简单！一个物件可以有无限可能，跟不同的物件在一块儿，就要考虑多个物件协同作用，才能开发出自身的其他功用！固定思维很可怕，尽管技术再娴熟，也要不断精进，取长补短！

这次辅导课给我日后的学习生涯、工作生涯都带来了莫大的帮助，它一直提醒我，看事做事，不拘泥于事情固有的边框，尽可能打开边框限制，去发现更美的乐趣。我想，也许就是这个习惯，才让我在各个技能竞赛中勤思苦练，拔得头筹。

🛟 2016 年夏天，"技术能手"是奇思妙想的"跬行千里"

2016 年 6 月，一则广州市茶艺师职业技能竞赛选手招募信息，犹如石子投到平静的湖面激起我内心的涟漪——八年的茶课光阴，我从"茶课小助手"到"茶课任课老师"，虽然自身目前的知识储备暂时能适应高校茶讲台的要求，但一颗好奇的心还是让我递交了参赛回执！

本次比赛最高奖项将获广州市人力资源和社会保障局授予"广州市技术能手"称号，获广州市总工会授予"广州市技术创新能手"称号，因此赛标直接锚定茶师岗位工作实际与职业资格，赛程为"淘汰赛与补偿赛"结合，首先必须通过茶艺竞技选拔赛，遴选出 28 名选手进入决赛；决赛，28 名选手以"理论笔试（占 30%）、审形辨茶（占 40%）、茶席布展（占 30%）"三项综合成绩，排名前 10 位进入总决赛，10 名选手再以茶艺·才艺角逐冠、亚、季军。

从递交参赛回执到参加比赛，20 多天的时间，时值学院旅游管理专业申报广东省二类品牌专业项目，用于准备自身比赛的时间更是微乎其微，因为第一次参加技能竞赛，心里没底，不敢张扬，只能咬紧牙关，一边写专业申报材料，一边挤时间训练。

回忆这次比赛，印象最深的是选拔赛"茶艺程式竞技"环节。

选拔赛"茶艺程式竞技"的规则及策略：

选拔赛"茶艺程式竞技"比赛规则

规则一：赛前 5 分钟自行备水、布具（不计于比赛时间内），设定主题茶席，将解说、展演、泡茶融入其中。创作背景音乐、茶具、茶品、服装、席布等有关参赛用品选手赛前自选自备，比赛时间 10~12 分钟（民族茶艺、宗教茶道等可适当延长至 20 分钟）。

规则二：知识问答。现场茶艺表演结束后，选手进行茶知识问答，由评委进行提问。选手进行抢答，答对一题加 1 分，答对两题加 2 分；答错一题扣 1 分，答错两题扣 2 分。

参加选拔赛一共 198 名选手，只有 28 名选手获得决赛资格，这对于没有参加过职业技能竞赛的我，既兴奋又担心，我对同台竞技的茶师技能没有任何了解，唯一知彼的信息就是 198 名选手都通过了"茶师工作履历"筛选，大家都有实战经验。知己知彼，解读赛标，按照"你无我有、你有我优、你优我转"的策略，我为比赛梳理了一份"赛标解读及策略"执行明细表。

赛标解读及自我策略梳理

赛标内容	自我赛标解读	自我对应策略
背景音乐、茶具、茶叶、服装、桌布等自备	自备用具为"起点"赛具，必不可少；赛标没有限制赛具"天花板"，大家准备的方向应该是"应好尽好"	你无我有——有别于大家的"应好尽好"，在"百花齐放"的状态下，要让评委看到我的最好方法是"含苞待放"，也即赛具材质及品类不争鲜斗艳，而是返璞归真
比赛时间 10~12 分钟	赛标时间与日常行茶时间一致，都是实战型选手，行茶规程及时间大同小异，时间限制考验的是茶师行茶的安顿心，如何在紧张中安然自若，需要"计时器"	你有我优——赛标虽没有"计时器"合适与否的规定，但假设你的赛台上出现一个计时器，那么分数会大打折扣，因此我的"计时器"的"显相"应该是合宜茶席的物件，以"12分钟"燃程为计，自制香线，与"香"同步，香停则艺停
知识问答，答对加分、答错扣分	知识问答以抢答模式进行得分，都是实战型选手，考题应该是通识问题，估计考量的是选手心理素质	你优我转——大家都具备的常识问题，我应该在反应速度方面加强应激训练，先抢后答，频繁露脸，让评委看到我，这是竞赛的勇气与态度

茶艺职业技能竞赛的资格赛为什么选择"茶艺竞技"？这是值得我们思考的，它背后的逻辑是"大家都会"，所以大家都难，难在怎样在都会的众多选手中，让评委看到你，"百里挑一"因为"一"表现非常厉害，也可能因为"一"特别不一样；在大家都会的项目里，非常厉害可能性微乎其微，因此"不一样"才是我要争取的！这也是父亲的竞技逻辑——剑走偏锋，开发工具的潜在性能！所以在这个 12 分钟的环节中，我启动了工具的其他三个功能。

　　一是茶杯选用粗陶杯，并且仅仅是简单地作了"开壶开杯"，没有养护摩挲，所以茶杯碰触嘴唇时，感觉粗陋毛糙。可能大部分选手都不会选择这样的器具，都不想评委嘴唇有如此感受。但我选了。因为我选用的茶品是老枞水仙，都说武夷岩茶"香不过肉桂、醇不过水仙"，老枞水仙的醇厚绵顺是出了名的，我试过用瓷质杯、紫砂杯、岩矿杯、银杯、铜杯品饮水仙茶汤，都不及粗陶杯带来的"冲击力"，因为沿口的毛糙更能衬托出口中的顺滑。口感是一种感受，这种感受有前后落差对比时，它就更能给我们留下深刻的印象，或许可以用阴阳调和或是刚柔并济来解释。

　　二是我的茶程协同了"潮汕工夫茶"及"纳西族龙虎斗"茶技，我的茶席上多了一套炙茶器具。时值初夏，又有谁会在茶席上设置如此温暖的器具呢？当火焰明亮起来的时候，它能把评委的目光吸引过来，也让评委的内心多了些许期待。

　　三是让我一直引以为傲的特殊"计时器"，198名实战型选手，日日行茶，时时款客，对一盏茶的行茶时间掌握应该都是了然于心的，其他人我不确定，但我是第一次参赛，临场自己是否会紧张？紧张是否会影响时间把控？我需要有一个万全之策——计时器，才能确保不会在这一项目中被扣分。殚精竭虑，我终于有了奇思妙想——以"12分钟"燃程为计，自制香线，香停则艺停；以香线记时，自古都有，同时品香也助茶味，相得益彰。

第一次与科班茶师竞技，从淘汰赛到补偿赛，"茶程＋茶识＋茶技＋才艺"，四轮竞技，让我获得"广州市技术能手""广州市技术创新能手"双重荣誉称号。与实力相当的同行竞技，就像父亲的八级钳工考试一样，要激发自我的主观能动性，挖掘客体的更多潜在功能；与实力相当的同行角逐，除了竞技，还需竞心，日日修持的苦功在打破常规的奇思加持下方能心想事成！

⚛ 2020 年夏天，"教学功底"是同伴互助的"课业转化"

2020 年夏天，广东省两年一届的青年教师教学大赛开始了，学校大力支持各位青年教师参赛，各专业均需委派一位教师参加遴选，这是检验教学功底与教学技艺的赛事。当时我们教研室的教师们各有所忙：有准备考编的、有准备二胎的、有工龄不够的、有资料遗失的……我是教研室主任，因专业双高建设任务繁重，专业负责人老师不建议参赛，但因无人应赛的尴尬我还是报名了。

广东省青教赛是个人赛，天道酬勤，我通过学院举荐，学校遴选，省赛海选，终于站到了决赛台上。

> **决赛赛程赛项**
>
> 本次大赛，以"上好一门课"为立足点，凸显职业教育的类型特点，比赛内容由教学设计、说课、教学绝活展示三部分组成。决赛分为网络评选和现场决赛，网络评选赛项为教学设计，现场决赛赛项为说课、教学绝活展示。
>
> 参赛内容要充分体现立德树人、以生为本、工学结合、知行合一的教学理念，重视工匠精神和职业技能培养，突出现代信息技术运用，彰显选手的教学技巧、专业能力以及师德师风。

我的专业隶属于文科综合"文化艺术、旅游与公共服务"竞赛组，涵盖文化艺术、旅游、公共管理与服务、农林牧渔、新闻传播、公安与司法 6 大专业。2016 年我参加过技能竞赛，那时"知己知彼"的彼方信息较为明朗，比如茶艺比赛，彼方的信息就可以认定为"茶师"，大家比拼的就是茶技；而这次的教学能力竞赛选手来自六大专业，关于竞赛选手的"彼方"信息，我一无所知。

茫然的时候，教师发展中心王主任给了我莫大的鼓励："2004 年就认识你了，你的韧劲与灵气很足，这股劲正是这个比赛需要的！信我，你能拿第一！"这句话点燃了我的信心，如一股暖流，荡涤了杂念、赶走了焦灼，心中只剩满满的斗志。

斗志能激发灵感。我原来选定的"彼方"为竞赛选手，专业背景广泛无从入手；我要调整彼方指向，我要从评委入手。当然，我不认识任何评委，但评委、裁判都是有血有肉的人，我们分析人的认知与特性，以适应评委的身心需求为策略，调整我们的作品形式。

《教育心理学》认为：每个人都是通过五种感觉器官（眼、耳、舌、鼻和皮肤）来对外在的环境产生反应，从而获得视觉、听觉、味觉、嗅觉和触觉，这五觉就是人的认知基础。人的认知能力是人的行动能力的基础，也即一个人对他人或事物有了一定的认知，再经过思考、分析、判断，才能构成一个人的行动能力。

将其推演到评委评分时，我的作品要"先于他人、优于他人"跃然于评委眼里，就得符合人的认知基础——人的大脑从不同感觉器官输入的信息有不同的吸收率，视觉为 83%，听觉 11%，触觉 3.5%，嗅觉 2.5%。视觉感受直接影响对人或事的评价。我的作品需要达到让评委"眼前一亮"的意境！

网络评选时，我们每位选手要提交教学设计、课程标准、教学录像、教学资源、教学成果等合计 20 余份材料，假设评委老师要评选 50 余人的作品，那么就得高强度浏览 1000 份材料，基于公平公正要求，每份材料不得马虎，评委老师身心疲惫程度，可想而知。我的作品需要简明扼要，让评委不费劲！

基于以上分析，"眼前一亮"与"不费劲"就是我的策略，具体达成路径有五个。其中三个为达成方式：让评委看到我的特点、让评委看到我的苦功、让评委看到我的多元；其中两个为达成目标：让评委感兴趣、让评委不费劲。

按照 $y=f(x)$ 的函数关系，我总结了我的竞赛材料整理公式：

$$评委身心状态 = f(我的特点，我的苦功，我的多元)$$

当评委能在我用心的材料中看到我的特点，感受到我的苦功，看到我的多元，那么"感兴趣"与"不费劲"也就水到渠成了。

* 我的特点

让评委看到我的文字修养：说课主题提炼以"要言不烦"为目标，因此将"茶品鉴与茶艺"改为"识茶有方、事茶有法"；课程模块命名以"词约指明"为目标，如"茶分六色各有千秋、烹茶尽具醮以盖藏、茶程范式静心修身"；课程特色提炼以"删繁就简"为目标，如"三融、三道、三技术"。

让评委看到我的美学修养：比赛时，选手都想突出自己，会使用强烈刺激的单色或者色相，但忽略了评委老师要面对的不仅仅是一位选手，而是几十上百位选手，"你、我、他"都用鲜艳的颜色不断地刺激着评委的视觉，评委势必会产生单一感和审美疲劳，疲惫与不愉快也就随之而来。因此，我的资料图文色彩要以舒适度为目标，控制色彩对比明度反差，降低色彩纯度，配色以蓝色、千岁绿、草叶色为主等，给予柔和、恬淡、雅静的感受。

让评委看到我的井然有序：从课程设计来讲，赛标规定的基本要素涵盖课程名称、适用专业、课程性质、教学指导思想、教学目标、内容结构、教学安排、课程资源、教学策略方法以及课程评价十个方面。课程设计需要有清晰的建课逻辑，如果依照赛标进行一一罗列，或许并不出彩。所以，我将赛标的"十方面"依据"课岗对接"的底层逻辑进行了糅合，提炼成环环紧扣的"六程"课程体系。井然有序的脉络，更能让人记忆深刻。

*解读茶师的岗位说明书，确定课程目标

*参考茶馆茶师培训项目，提炼教学内容

*整合校企师生四方资源，积累教学资源

*软件分析学生职业性格，确定教学策略

*迁移茶馆茶师培训方法，构建教学模式

*借鉴茶馆茶师培训评估，建立课程评价

* 我的苦功

让评委感受到我的一丝不苟：大赛要求提交两段教学录像。这么多年来，"微课、微视频、课程录像"拍摄都是费力劳心，甚至有时劳而无功，大家都害怕拍摄教学录像。因此，我的机会来了，我需要做差异化策略。首先是数量上的差异，大家提交两段，我提交三段；其次，考虑质量上的差异，赛标只规定了数量以及形式，所以这又是一个"八仙过海，各显神通"的赛点，比如，三段录像的教学内容应该是有延续性的（辨茶、识器、沏茶）、教学手段应该是多样化的（讲演、探究、实操）、教学场景应该是不同的（直播、录播）、我的仪表仪态应该是多元化的（和蔼、严谨、博学）。写到这里，同事的诸多照顾历历在目，帮我化妆、帮我对稿、帮我纠词、帮我掐时、帮我备具、帮我清场……所以说，这个竞赛是同伴互助的课业转化！

让评委感受到我的积微成著：大赛要求提交 10 个学时相对应的教学 PPT 及其他相关资源。"其他相关资源"没有明确，那么它就有很大的发挥空间——我是一个特别怀旧的人，我留下了很多与学生朝夕相处的记录，包括她们的体悟、她们的作品，这可以作为"生成果"展示；我是一个特别爱美的人，我留下了许多拍摄精美的微课、微视频，这可以作为微资源展示；我是一个特别重视他人评价的人，我留下了很多同行的听课记录，这可以作为课评价展示；我是一个喜欢倾听的人，我留下了很多同学的心里话，这可以作为"茶思政"展示……这些是 20 余年的习惯与积累，是我日积月累的跬行千里，质量不一定够硬，但它们或许能触发评委的某种情怀。

* 我的多元

让评委看到我的"矛与盾"：从小我就喜好幻想，想象力天马行空。有条不紊其实不是我的专长。所幸，我有好朋友助阵，一位严谨细腻的理科生朋友，她总能时不时地拽一拽我的衣角，适时提醒我"循规蹈矩"。比如，词语生僻、格式散乱、图表含混都能被她逮出来。我所有竞赛材料的格式、图示，她都一字不落地帮我校对。所以，我的材料有文科生的细腻与自由，也有理科生的逻辑与规整，这一对"矛与盾"兴许能让我的材料耳目一新。

让评委看到我的"短与长"：还记得 2020 年 5 月 31 日 23 时，教师发展中心王主任的一通电话，让我措手不及。"你本身的材料做得很好，但你忽略了对自己的包装，这是你自己的名片，我们学校 15 名选手的资料都在学校平台上，大家都要取长补短，你的自我介绍为什么没有呈现？还有一个小时，省赛网评通道即将关闭，你考虑考虑。每个人都是独一无二的！"我来不及解释，这十几天来，所有精力与时间都在课程材料及录像录制上，当看到同事们竞赛材料中的"自我介绍"，那一帧帧的个人履历、一辑辑的教学成果，多媒体技术、网络技术应有尽有，这是我的短板，我选择了规避，我给自己一个借口，"自我介绍"没有强行要求，我集中全力精化我的课程材料……但，王主任的"独一无二"提醒了我，大家都是以"视频、Flash"的形式来展开自我介绍，那我就用普普通通的国风信笺，呈现我十六年的课程历程……于是有了"习茶十六载"的自我介绍，我将茶的特性与自己的茶修关联起来，如"茶的淡泊与素简，让我潜心技艺的传承与创新"来归纳我的茶技荣誉；"茶的公正与包容，让我尽心教研的查究与钻探"来提炼我的茶修成果；"茶的静思与历练，让我策心手艺的精进与较量"来呈现我的竞赛成果。一个小时的时间，我通过茶的品性与自己的长项，修补了自己的短板，达到异曲同工的效果。在此，我又体会到了"你优我转"的营销理念——当大家角逐于信息化技术竞技时，有限的时间、有限的能力，我应该转向，回归到课程本身的特质。这也许不失为一种策略。

习茶十六载…

空杯以对、循序渐进、求真向善

茶的淡泊与素简，让我潜心技艺的传承与创新！

1. 创新协同"潮汕功夫茶"及"纳西族炙烤"茶技。获"广州市技术创新能手"称号。

2. 创新提炼"茶"与"情绪管理"要义，研发茶席上的缓压画技、茶格心理评估等。获"广州市技术能手"称号。

3. 创办女职工创新工作室（广州市教育工会）——修业茶苑，开展茶创茶事培训20余次，拍摄茶事茶文化宣传片30余辑。

茶的公正与包容，让我尽心教研的查究与钻探！

1. 专利研发4项：一种干泡茶席多功能器具、一种茶碗、茶席烟灰池、银针导流茶碗。

2. 公开发表专业论文15篇，主编《茶艺实务与管理》等项目化教材3部，主持《茶艺与茶文化》等院级精品资源共享课3门。

3. 主持广州市哲社课题1项，市教育局创新创业特色活动项目1项，省教职委课题1项；参与市级以上课题4项。

茶的静思与历练，让我策心手艺的精进与较量！

1. 2014年，教学团队教学成果获广州市教学成果一等奖、广东省教学成果二等奖。

2. 2016年，参加番禺区2016年高级茶艺师职业技能竞赛，荣获一等奖。

3. 指导学生团队参加广东省中华茶艺竞赛获省级一等奖1项，指导广东职业学校创新创效创业大赛高职组社会调研论文类三等奖1项，番禺区行业能手竞赛获亚军1项、季军1项。

陈洁丹

路漫漫其修远兮，吾将上下而求索

让评委看到我的"阻"与"通"：站在茶文化讲台这么多年，我们一直秉持着茶应该是国风翩翩，茶文化不喜热闹、不喜花哨，所以我们的茶文化不追急流时尚，不追信息化炫技。比如，当下时兴的"茶艺与服务虚拟教学实训系统""茶叶审评虚拟仿真实训教学系统"信息化教学手段，这些是茶文化在信息化技术方面的前沿手段，但在漫茶堂，我们拒绝了。茶的色、香、味、形只有眼见、鼻嗅、口品、手把，才能明白什么是茶的酸、甜、苦、涩、鲜。虚拟仿真仅仅让我们看到了"流程"，而丢失了"本真"，这是我们对茶信息化手段趋之若鹜的"阻"。茶文化的信息化手段来自我们茶修营的瓶颈，比如"经费额定"，我们自主研发了"一种茶席 AR 素材库""一种茶艺比对系统"，疫情发生时，我们自主研发了"一种泡茶的教学方法"，这是我们对茶文化信息化手段的求真向难的"通"。我们的"阻"与"通"是直面茶文化的现状，直面茶文化的发展瓶颈，迎难而上，化"阻"为"通"。

一个人技术再了得，都比不过空杯以对的态度。所以，在强手如林的竞赛场上，不能矜功伐善，而应降心俯首，让大家看到我们锤炼技术的苦功、特点、多元，应该是上上之策。

"苦功"博得同理心、"特点"求得差异性、"多元"获得兴致心。此战告捷，我的教学基本功荣获广东省第五届青年教师教学能力竞赛一等奖。漫茶堂的教学功底与教学技艺不是单枪匹马的功绩，而是同伴互助的课业转化，是我的背后有着满满的支撑与能量——领导专家的鼓励、同事联动的支持以及学员全心的配合。

❀ 2022 年春天，"课堂革命"是勤能补拙的"先难后获"

2021 年冬日，一则《广东省教育厅关于做好 2021 年高等职业教育课堂革命典型案例认定工作的通知》，又一次点燃了我们的信心，让我们漫茶堂摩拳擦掌，跃跃欲试。

近几年，《茶·修》产教融合更新迭代，我们自诩"茶修营 1.0 版本（为合作企业输送茶师 1.0 模式）、茶修营 2.0 版本（企业技师'走进来'的 2.0

模式）、茶修营 3.0 版本（行企双师互帮互助的 3.0 模式）、茶修营 4.0 版本（行企双创攻关技术瓶颈 4.0 模式）"，解决了许多棘手的教学难题，积累了许多有趣的课堂案例，这与广东省教育厅关于"课堂革命"的定义不谋而合——针对存在的问题，提出解决策略，取得创新成效，产生辐射效应。

广东省教育厅
2021 年高等职业教育"课堂革命典型案例"申报要求

＊典型案例符合国家教育方针、政策，遵循职业教育规律，体现"以学生为中心"的教育理念，与当前高职教育课堂教学改革方向一致，具有创新性和应用推广价值。

＊案例坚持原创性，不存在思想性、科学性和规范性问题，没有侵犯他人知识产权。案例需提交课程材料：课程标准、课程教案、课程相关佐证材料。

＊省厅推荐限额 5 个。校内申报不限名额，学校组织校外专家对符合条件的申报案例进行评审，最终根据省厅推荐限额和专家评审结果，择优遴选推荐报送省厅。

2021 年 11 月，漫茶堂启动"课堂革命典型案例"申报工作。

漫茶堂以"漫"为主旨，"漫"通"慢"，取"缓"意。茶堂以格物修身为本意，以技术精进为手段——习茶日迢迢，修身路漫漫。

在漫茶堂，我们教师团队不以"职称评定"为指挥棒，我们以"课程情怀与学生作为"为接力棒，所以，我们喜欢"问题"，"问题"是我们的"指路灯"，不管是学习问题，还是教学问题；不管是学校规定的工作，还是我们自发约定的事宜，我们都能以迎难而上的决心去厘清问题、解决问题，这是我们的习惯。我们相信"水到渠成"需要"日积月累"的耐心，状似"无用"之物，总能在必要的时刻让我们事半功倍。

我还记得，"课堂革命"除了提交课堂执行文案、课程标准以及成果佐证之外，还有一项令大家最为难的就是课程教案。教案是以两个课时为单位，每一单位教案囊括"内容分析、学情分析、教学目标、重点难点、教学策略、设计理念、方法手段、教学资源、教学活动、反思改进"十个方面。当时，很多同事望而却步，就是因为时间有限，教案难以准备充分。

我们为了提高课堂质量，十几年来，漫茶堂根据学情选择教学方法与手段，根据行业动态调整教学内容，已经成习。近五年，我们《茶》课就有四个版本的教案，它记录着我们一路走来的蜕变历程，是我们自身茶修习"从不明到自知、从外相到内里"的教态进化。勤能补拙，我们一直默默努力，尽管当下不一定"有用"——教育就是"慢工出细活"的事，容不得半点马虎！

这次课堂革命，阅读广东省教育厅的"申报要求"就会发现，它只有主旨，就是"'以学生为中心'，具有创新性和应用推广价值"，并没有具体路径限制。那么，它就是一片广袤的天地，只要与当前高职教育课堂教学改革方向一致，就可以任我们驰骋。

近五年，我们茶修营课改记录俯拾皆是，我们只需"梳理课例课改—厘清创新实效—落实推广载体"即可。

茶修营课改梳理

序号	课改课例	存在问题	创新实效	推广载体	亮点
1	"茶人美育"课改	课时额定限制	二阶三效	×× 魔镜 APP ×× 大师 APP	借力使力
2	"茶器识别"课改	茶器少；教学效率低；课时/经费额定限制；教学过程评价维度少	三媒四动	茶席 AR 素材库，茶器识别小程序	自主研发
3	"注水范式"课改	教学内容思政弱；手把手教学效率低	四动五有	五谱注水小程序	自主研发

"具有创新性和应用推广价值"是课堂革命的要义，经由以上课改列表梳理，我们选定了"茶器识别"课例进行申报，因为它解决的问题是现有茶课的普适性问题，并且我们找到了策略与方法——自主研发了"一种茶席 AR 素材库"、行企协同开发"茶器识别小程序"，有推广的工具与载体。

2020 年，因学院实训经费额定的规定出台，茶课面临着耗材经费限制问题，我们应该重构学习内容，改革教学方法。由此，我们研发了"一种茶席

AR 素材库"，攻克了耗材经费额定的难关，这是一次特别美好的"限制"，一次资源的限制，倒逼我们进行课堂革命，我将这次教学方法改革写进了漫茶堂茶修笔记。时隔一年，穷则思变，这一年，我们梳理教学问题、检测解决方法、研发针对性软件、评测课改成效，这规定来得恰是时候。

下面与您分享我们漫茶堂《茶器识别》数字化课堂革命课例。

《茶器识别》"三媒四动"课堂革命
——1 程序 +1AR+1 平台数字化教学

（一）课改摘要

本案例针对《茶品鉴与茶艺》"第三单元（2-1）茶器识别"教学中存在的教学问题：课时与实训经费额定限制、茶器素材丰富度与教学效率低、教学过程表单评价维度少等问题，自主研发辅教系统，实施一种新型的数字化教学方法，形成具有自身特色的"课前 1 程序＋课中 1 AR＋课后 1 平台"的教育信息化行动策略，达成信息化技术优化教学（资源有力）、四动一脉提高实效（组织有序）、学理事理涵养心性（评价有效）、茶器配对精益求精（方法有趣）、技能竞赛喜结硕果（技能有用），取得了校、企、生三方互动互惠，大大节约了实训耗材等教学实效。

本案例自主研发"茶席 AR 素材库"（一种茶器素材库及茶席设计训练方法），设计了"分类归纳与认知攀升相结合的教法""自主学习与合作学习相结合的练法""教学与生活相结合的学法"三个维度的课堂革命路径，解决茶器茶具素材资源的制约，茶器茶席搭配作品立竿见影；行企开发"茶器识别小程序"，教师直播讲解器具，师生、生生、行企互动，丰富了教学手段；校、企、生联动录播，企业技师实时点评，超星智能学习平台记录学习轨迹与数据（课前＋课中＋课后、线上＋线下，混合教学）。

（二）解决问题

1.教学器具"丰富度"不够，实训费用高

基于学院茶艺实训经费额定，茶具茶器购置成为本单元教学瓶颈。茶器造型成百上千种，教学实训经费额定无法穷尽茶器。《茶器识别》教学内容选取考证标配茶具，器具提炼不全面。如何以有限的资源实现"开茶择具"的素养目标？催生了本案例"茶器识别小程序"的研发。

2.教学过程"表单评价"冗杂，维度少

教学诊断偏标准化评价，而增值与综合性评价有限。以往《茶器识别》教学采用集体训练与个体纠偏，单凭师生的"评价表单"，难以高效判断学生学习过程的质量、水平与成效。如何拓展评价维度？如何拓宽评价生成路径？催生了本案例"行企联动平台"的搭建，同时协同超星智能学习平台，丰富评价维度与广度。

3.教学资源"茶器精修图"繁多，效率低

酒店管理专业学制两年制，课时精简压缩。以往《茶器识别》教学没有茶器实物上手，仅凭"茶器精修图"鉴赏、识别，学习者接受与消化时间较长。怎样在有限的学时中完成课程"因茶择具"的技艺目标？催生了本案例"茶席AR素材库"的研发。

以上教学背景与存在的问题促成了本案例的研发与实施。

（三）解决策略

1.解决思路

（1）解决"器具经费额定限制"的教学问题：茶席AR素材库囊括瓷器、陶器、大漆、玻璃、金属、竹具6大品类356款器具素材，设计了适合不同茶程、不同主题、不同质地的茶席茶旗。行企"茶器识别小程序"落地辅教。

（2）解决"教学方法效率低"的教学问题：茶器识别课前、课中、课后围绕"习器性""明器理""做茶人"的目标层层递进，采用混合式教学模式，行企茶器鉴赏直播（美育缓压）、茶器识别小程序（精益求精）、茶席 AR 实操（循规蹈矩），四动渐进教学课堂"化学式"融入思政元素。

校企—茶器赏析直播　　　茶器识别小程序——择具　　　茶席 AR 库实操——搭配

（3）解决"学习评价维度少"的教学问题："茶器识别小程序"留存学生茶器识别过程记录（课前＋课中）；"茶席 AR 素材库"留存师生、生生纠偏成绩记录（课中＋课后）；行企联动平台，直播与互动，圈粉企业技师。2 个信息化系统提炼评价数据包，1 个互动平台检验学生学习成果，让课程评价有据可依。

"茶器识别小程序""茶席 AR 素材库"解决实训经费额定、无法满足茶器品类多样化认知与识器的教学瓶颈。

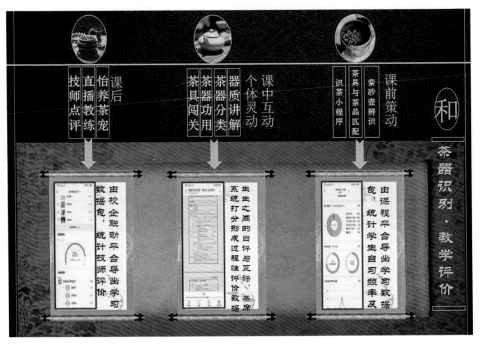

茶器识别教学评价

2.解决策略

（1）分类归纳与认知攀升相结合的教法策略：自主研发的"茶器识别小程序"是基于分类归纳策略而设计的训练工具，引导学生识器具的同时掌握"敬茶敬器"的茶仪规程，涵养工匠精神，增强文化自信。

（2）比对训练与自主纠错相结合的评法策略：通过自主研发的"茶席AR素材库"，引导师生、生生比对、搭配，精准校正纠偏。通过系统自动生成学习评价，引导学生总结自身学习过程中遇到的问题或者是操作不熟练的地方，提升技能的同时涵养反躬自省的品质。

（3）自主学习与合作学习相结合的练法策略：通过课前"茶器识别小程序"茶器基本分类认知，引导学生自主学习；课中"茶席AR素材库"茶席设计摆置训练，课后茶器茶艺展示，引导学生和睦共助，共同提升；课后通过"超星智能平台"开展茶器搭配及布席PK与展示，激发学生学习兴致与同伴互助。

3.解决过程

《茶器识别》采用"课前策动、课中互动、个体灵动、课后行动"四动一脉，有序推进，秉持"先学后教、以学定教"的理念，充分激发学生主体性作用，引导其掌握识器要领。

（1）课前策动，主要是围绕课程内容布置任务，通过微课学习、直播圈粉等活动驱动学生进行有效预习，为课中互动探究提供知识铺垫。

（2）课中互动，重在实物导学，设问导思，通过精心设计探究活动，使知识问题化、问题情境化、情境活动化、活动系列化，让学生在师生互动、生生互动中实现思维碰撞，在参与中分享成功的喜悦，在体验中得以发展。

（3）个体灵动，重在以学定教，通过分层设计探究问题和实训活动，创设情境引导学生独学，并提供展示的平台（直播平台、超星平台、茶席AR素材库、茶器识别小程序），充分尊重每个学生独特的个性差异，凸显"层次性""独特性"的特点，确保每个层次的学生都有获得知识成果的成就感，从而激发学生的求学自信心和内在动力，构筑高效课堂。

（4）课后行动，对接学校综合素质拓展培育目标组织课后延伸活动，引导学生内化知识，将理论知识与实践相结合，将所学转化为自身的自觉行为。如怡养壶宠、茶器茶席摆拍等任务，通过课后行动使得知识得以拓展巩固。具体教学步骤如下页图所示：

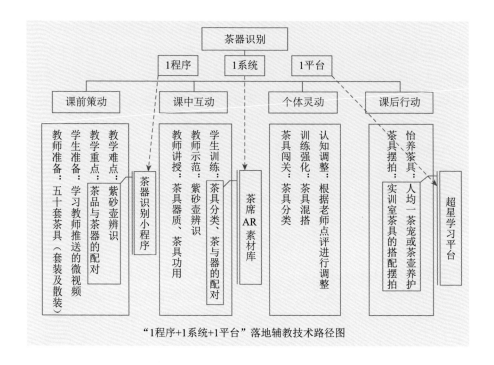

"1程序+1系统+1平台"落地辅教技术路径图

4.解决方法

《茶器识别》通过课前、课中、课后互动生成，兼顾知识传授、情感交流与个性塑造，实现课程内容与学生体验探究的有机整合，涵养精神品格，提高课程思政育人实效。

（1）自主学习与合作学习

a.课前（1程序）"茶器鉴赏识别"小程序教师进行茶器辨识直播，学生扫描二维码，进入"茶器识别"小程序，直播互动，高效掌握茶具器质要领。引导学生自主学习，自控自持；

b.课中（1系统）"茶席茶器搭配"AR系统进行茶器茶品搭配训练，师生、生生茶器茶席作品通过辅教系统"茶席 AR 素材库"进行搭配校正纠偏。引导学生协作作业，和睦共助；

c.课后（1平台）"茶器茶宠摆拍"超星智能平台进行怡养作品打卡，茶器茶艺展示，企业技师点评，通过行企平台巩固"茶与器"搭配要领。圈粉企业技师，共同提升。

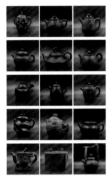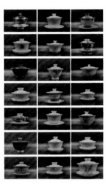

（2）茶席 AR 训练与自主纠错

a. 通过自主研发的"茶席 AR 素材库"，学生在系统中进行择具、配具，只要"拖拽"鼠标，就可以进行茶器器质及茶品的搭配（大大节约了教师课前布具的时间与学生择具的时间），学生在茶席 AR 素材库中可以进行"师生、生生"比对 PK，完成老师布置的学习探究任务。

b. 通过使用超星智能学习平台，教师设计过程考核任务单、计划单、自查表与评价表，引导学生总结自身学习过程中遇到的问题、疑惑或者是操作不熟练的地方，提升技能的同时涵养品质。

（3）分类归纳与认知攀升

a. "茶器识别小程序""茶席 AR 素材库"都是基于分类归纳策略而设计的训练程序，引导学生识别茶具特征，正确选择合适的泡茶用具。

b. "超星智能学习"平台茶器布置展示是基于认知攀升教学策略而设计的展示任务，开展"茶器茶宠怡养"训练打卡任务，逐步学会呈现"好具"调

"好茶"的行茶技术。一步步激活认知，提升认知。

茶器分类归纳——择具　　茶性茶器匹配——配具　　茶宠茶器怡养——养具

（四）实施效果

1.信息化技术——优化教学（资源有力）

利用信息技术优化课程教学，自主研发信息化辅教系统"茶器识别小程序"与"茶席AR素材库"训练打卡，行、企、生三方互动圈粉，为学生个性化学习与教师差异化教学提供支持。教学环境资源有力。

2.四动一脉——提高实效（组织有序）

采用"四动"教学模式组织课堂，课前使用"茶器识别小程序"美育缓压；课中使用"茶席AR素材库"精益求精；课后使用"超星智能平台"循规蹈矩。"四动"有序推进，步步强化。教学组织有序。

3.茶器配对——精益求精（方法有趣）

课程采用合作探究/比拼方式，课前共学微资源，器具与茶品配对体验；课中"茶席 AR 系统"进行精细搭配训练；课后巧借同伴之力，互推共进，展示茶器。充分体现学生的主体作用。教学方法有趣。

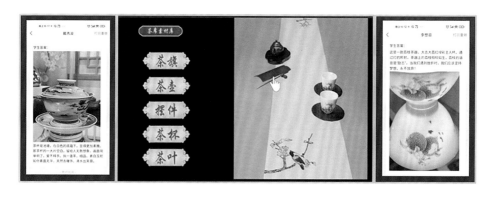

4.学理事理涵养心性（评价有效）

本案例紧扣"育人"目标，校、企、生三方联动平台互粉，在茶席 AR 系统中规范技术，渗透学理、事理与自我调节之道，引导学生在展示、互评、交流中感受茶的妙处，涵养心性。教学评价有效。

四动课堂	评价维度	技能技术评价	思政育人过程
课前策动	紫砂壶识别	"茶器识别小程序"导出学习数据包，统计学生自主学习频率及成绩（系统数据提取、互评）	茶器识别的过程具有茶美育功能，美育抚心，学生在"美器"鉴赏的同时也是自我缓压的过程
	茶具茶品匹配		

续表

四动课堂	评价维度	技能技术评价	思政育人过程
课中互动	搭配示范	茶席AR素材库系统打分，形成过程性评价数据（系统数据提取、教师点评、同伴互评自评）	每位同学打卡频率、搭配准确度的记录，不断改善精进，反躬自省，磨炼意志；同伴互助，涵养与和为贵的行为习惯
	整体训练		
个体灵动	精准搭配		
课后行动	茶器怡养+茶器展示	超星智能平台提取学习数据包，校企直播平台技师点评留存数据	怡养茶器/茶宠，涵养娴静气定的心性
	技师点评		

5. 技能竞赛喜结硕果（技能有用）

本案例紧扣"技能"目标，校、企、生三方联动"以服务为宗旨、以就业为导向"开展职业技能比武，近3年师生参加行业职业技能竞赛，喜获三届冠军、亚军、季军。通过竞赛平台，企业与学生双向择业。所学技能有用。

（五）创新与示范

自主研发辅教系统，试运行1年，形成了颇具特色的"茶艺+教育信息化2.0"教育模式，并以"版权汇编作品"申报，以期进行教学方法流程、训练内容及图纸整体布局等版权专利保护。有具体的教学载体开展推广：

（1）自主研发"茶席AR"教学系统（一种茶席设计AR素材库），养成工匠心性。

根据茶器 6 大类器质与器型分类要求，教学团队设计了一款涵盖 365 品类的茶席 AR 素材库，学生通过美器熏陶，根据搭配要义就可以进行茶器配对训练与 PK。解决了课时与实训经费额定限制、茶器素材丰富度与教学效率低的教学问题。

（2）自主研发"茶器识别小程序"（一种茶器识别教学小助手），创新教学方法。

为减少茶器搭配及纠偏时间，提高课时弹性，研发"茶器识别小程序"，师生操作茶器搭配与 PK，学生自助、互助，和谐关系、精益求精。

（3）自主研发"盘香流注／铜钱流注教学模型"（一种茶艺教学辅助教具），助力课程思政。

自主研发"盘香流注""铜钱流注"2 个教学教具，率先实现教学专利申报，通过怡养茶宠、茶具有趣的任务路径，强化注水训练，双管齐下，修养心性的同时训练注水技术。

（六）反思与改进

"器为茶之父"——茶器识别课程不仅要引导学生掌握茶器器质（学理），形成"来茶择具，开茶能好"的择器行茶技巧（事理），更要引导学生启智润心，积淀对中华优秀传统文化的自信。

1. 实现了信息化技术辅助教学，未来计划继续扩充"茶席 AR 素材库"，完善系统素材

茶课实训过程需要大量的茶品耗材，目前已采集 6 大类器质计 365 样器具，虽然解决了"实训经费有额定"的现有问题，但茶品成千上万种，无法穷其尽，未来团队继续丰富"AR 素材库"，从"看、择、固"三个层面充分展示茶器。

2. 解决了茶课课程思政教具研发，未来茶课思政应以"建体系逻辑"深挖内容元素

《茶器识别》思政元素的挖掘遵循实践逻辑，茶器搭配精益求精、茶器美育缓压等进行哲思扩展培育；而未来茶课的课程思政建设应遵循"建体系"原则深挖知识、历史、社会逻辑，提高课程思政元素挖掘的逻辑性。

3. 完成了教法的"化学式"融入，未来应提高教案"生态式"融入效度

基于三教改革导向，茶课的教法通过辅教系统的研发，催生学理、事理化学式融合，将思政元素转化为学生思想元素，形成自身行为习惯；未来将着力点放在提高"教案"生态式融入，平衡"政理、学理、事理"的"生态位"，明确教学实施的路线图和时间表。

天道酬勤，勤能补拙。

我们不怕慢，一年前，我们仅是为了让课程在经费额定的瓶颈下求得授课实效最大化，开展了课改；我们喜出望外的是这次课业的积累，能让我们在省厅项目申报时信手拈来。

先难后获，水到渠成。

我们不怕"问题"，一年前，我们为了让课程在经费额定的瓶颈下能保持课岗对接实效，开发软件；那一年我们殚精竭虑，团队攻坚，拿下了两个标识着我们漫茶堂特色的教辅专利。而今，它们为我们这次申报广东省教育厅课堂革命有人先胜制人的筹码。

"跬行千里"+"同伴互助"+"先难后获"让我们"茶精技——内求诸己，外化于情"有了累积，有了韧劲，有了力量！

三、主相信，校细节

——茶精技·习五谱·训练营

◉ 茶精技·习五谱·训练营——训练内容

训练营地	主相信，校细节——习五谱	训练场所	漫茶堂，50 个工位
训练形式	师徒共进—同伴互助—自身巩固	训练载体	五谱注水训练图谱
训练内容分析			
"茶有百味，注水是关键"——"茶程注水"包括茶形特征、控壶气息、茶形与水势搭配等内容，"品茶"与"泡茶"训练环节能顺利进行，首当其冲是注水方式的掌握。 　　《茶·修》分成"茶育行、茶精技、茶清境、茶养德、茶覃美"五修，本营选取精技营：主相信，校细节（习五谱），是继"育行"后的"精技"营地，茶程注水范式得当与否，直接关系到茶汤的品鉴质量，"悦泡好茶，择水而行"。			
学情分析			
知识与 技能基础	1. 掌握茶类辨识方法； 2. 明确茶类茶品习性； 3. 掌握茶艺行茶五规程。		
认知与 实践能力	1. 能分辨茶的六色； 2. 能鉴别基本茶形； 3. 思维跳跃，想象力丰富。		
学习特点	1. 积极主动，但抗挫能力较弱； 2. 好分享，重积累，喜新奇； 3. 属于互联网原著民一代，熟练新媒体。		

续表

学情分析
茶修营学员对动手操作的学习方式，兴趣浓郁；但知识积累层面的努力就略逊一筹了，怎样去呈现茶品风味？怎样根据茶形选择水势？需要教师设置贴近生活常识的试验活动来进行新知识的关联与内化。所以，在学习种类繁多的茶品知识时，需要有直观的学习载体，如"注水图谱绘制"；需要通过设置能调动其合作意识的学习活动来激发学习的兴趣，如"茶技比对系统"导学，这样才能内化为学员自己的知识和能力。

训练目标	
知识目标	1. 熟悉五种茶形茶性。 2. 理解水流影响茶汤汤质萃取要义。 3. 了解五种注水手法的行茶规则。
能力目标	1. 能够熟练区分五种茶形。 2. 能够根据茶形选取合适的注水方式。 3. 能够高效掌握"辨茶形、控水势"。
素质目标	1. 在"依茶形择水势"的实践中，涵养工匠精细化品质（工匠精神）。 2. 在择茶与洁具中，不断磨炼意志（以劳育德）。 3. 在"无我茶会"办会中，提升学员审美能力（激发创新思维）。

训练重点和难点	
教学重点	茶形与注水水势的匹配
处理方法	1. 自主研发注水图谱训练小程序，解决茶品素材资源的制约问题，学员通过图谱对茶形进行归纳分类，茶形水势对应的学习效果立竿见影。 2. 自主研发茶技比对系统，引导师生进行"依形开茶"比对，精准校正纠偏。 3. 设置贴近生活常识的试验活动进行新知识关联与内化。
教学难点	茶程注水气息调节
处理方法	1. 自主研发"茶道＋书道"教学方法（一种训练气息的图谱训练方法），根据书法控笔训练及缠绕绘谱开展水势熟悉与气息训练。 2. 自主创新茶程注水教具，引导学员"依茶形择水势"，观视频，了解注水要义；绘图谱，调节注水气息；做训练，掌握茶形水势，借教具规范行茶习惯。 3. 通过行企直播平台，联动录播，企业技师实时点评，互相圈粉。

⊛ 茶精技·习五谱·训练营——训练策略

设计理念

为更好地达成训练目标，本营采用"四动渐进训练"理念。该模式以素质教育为根基，以知行统一为取向，以提高训练实效为目的，主要分为"前—策动→中—群体互动→中—个体灵动→后—行动"四个步骤，兼顾知识传授、情感交流、智慧培养和个性塑造，努力实现知与行相统一的育人实效。

"四动渐进训练模式"以"互动＋灵动"为核心，提高落实训练目标的实效性。

1. 前—策动，主要是围绕训练内容布置任务，通过微视频体验、小程序打卡等活动驱动学员进行有效预习，为课中互动探究提供知识铺垫。

2. 中—群体互动，重在实物、实验导学，设问导思，通过精心设计探究活动，使知识问题化、问题情境化、情境活动化、活动系列化，让学员在师徒互动、生生互动中实现思维碰撞，在参与中分享成功的喜悦，在体验中得以发展。

3. 中—个体灵动，重在以学定教，通过分层设计探究问题和实训活动，创设情境引导学员独学，并提供展示的平台（直播平台、注水图谱训练小程序）。充分尊重每位学员独特的个性差异，凸显"层次性""独特性"的特点，确保每个层次的学员都有获得知识成果的成就感，从而激发学员的求学自信心和内在动力，构筑高效训练营。

4. 后—行动，引导学员内化知识，将理论知识与实践相结合，将所学转化为自身的自觉行为。如无我茶会、茶壶吊水、教练直播等任务，通过营后行动使得知识得以拓展巩固。

该训练模式的基本流程如下图所示。

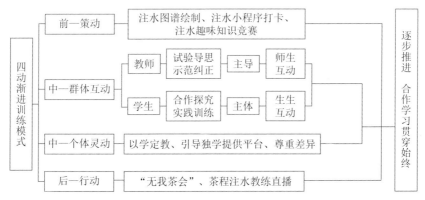

"四动"紧密相连、各有侧重，形成一个环环相扣、渐进深化的有机整体，从而实现训练内容与学员体验探究的有机整合，力求体现"以人为本，以培养学员创新能力为核心"的教育思想内涵，努力构建一个充满活力、充满智慧的训练营。

训练方法与手段

行企合作开发联动平台，协同培育，遵循茶馆"TCD：做认知、做教练、做发展"培训方法，开展翻转式、探究式训练方法：

1. 茶品茶形知识，"提认知"——提炼为注水项目的原理性教学，采用茶品对比营前导学、茶形五感体验等方法。

2. 茶形与水势搭配，"作示范"——提炼为注水项目的操作性教学，采用实物实验法、任务驱动法、系统导引训练法。

3. 行茶气息调节，"谋发展"——提炼为营外实践的强化活动，采用直播教练、朋辈培育、小程序自主训练等项目。

以上信息化手段均有具体平台、工具承载，教与学过程中能迅速反馈学情，训练重点与难点的解决效果均可在学员"打卡"及"测试"数据包中提取，以便教师依时、依事、依人施教。

（1）自主研发"茶道＋书道"训练方法（一种训练气息的泡茶教学方法），助力工匠手艺养成。

根据书法控笔训练及缠绕白描进行水势熟悉与心灵疏导（一种属于自己的"艺术"创作）。观视频，了解注水要义；绘图谱，调节注水气息；做训练，掌握茶形水势。

（2）自主研发"茶技比对训练"小程序（一种训练茶技的纠正方法），丰富创新训练方法。

为感知茶艺操作时间，提高营地训练弹性，研发了师生茶技比对系统，师生操作视频可进行动作与时长精细比对，学员自助、互助、边学边练、精益求精。

（3）自主研发"盘香流注、铜钱流注教学模型"（一种茶艺教学辅助教具），深化产教融合。

"一种训练气息的泡茶教学方法""一种训练茶技的纠正方法""茶形注水辅助教具"以解决教学瓶颈为基点，率先实现教学专利申报，通过信息化手段加强文化熏陶力度及拓宽技艺训练路径。

训练资源

本营自主研发注水训练五图谱：

1. 针对条索蓬松易浮起茶形的中心环绕冲泡图谱（附图1）；

2. 针对砖、饼等块状茶形的正心定点低斟图谱（附图2）；

3. 针对毛尖银针等细嫩茶形的沿壁环绕冲泡图谱（附图3）；

4. 针对乌龙茶等重高香茶形的沿边定点高冲图谱（附图4）；

5. 针对茶形碎、投茶量多茶品的沿边定点低斟图谱（附图5）。

学员依次扫描图谱二维码，观览相关视频，深入了解注水的要义；精心绘制图谱，细致调节注水时的气息；进行针对性训练，熟练掌握茶形与水势的关系，"观视频—绘图谱—做训练"即可轻松自如地掌握五种茶形的注水范式。

续表

附图1

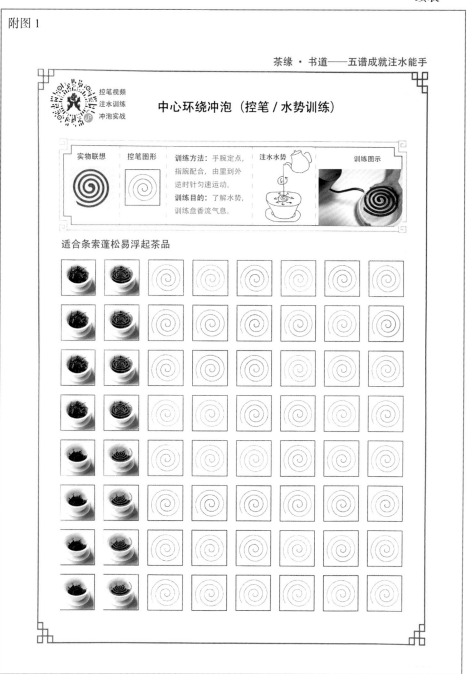

续表

附图2

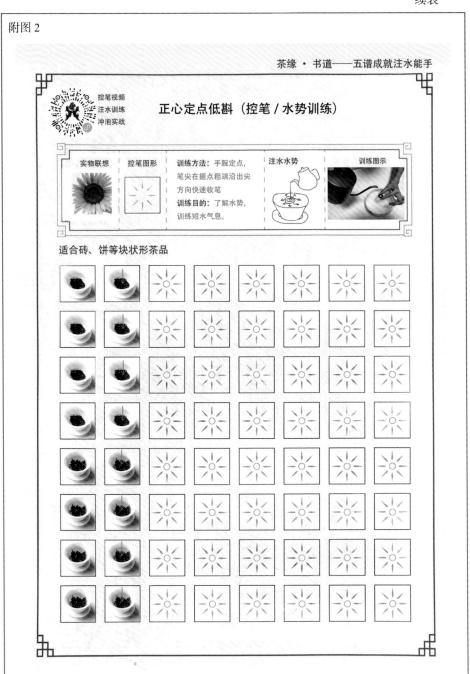

茶缘·书道——五谱成就注水能手

控笔视频
注水训练
冲泡实战

正心定点低斟（控笔／水势训练）

| 实物联想 | 控笔图形 | 训练方法：手腕定点，笔尖在据点粗端沿出尖方向快速收笔
训练目的：了解水势，训练短水气息。 | 注水水势 | 训练图示 |

适合砖、饼等块状形茶品

续表

附图 3

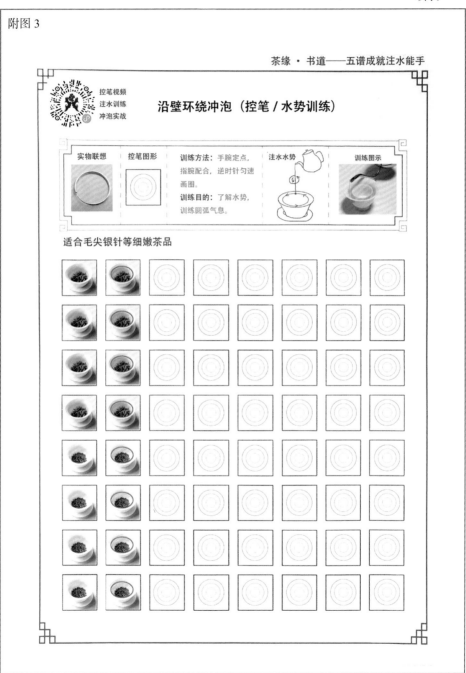

茶缘·书道——五谱成就注水能手

沿壁环绕冲泡（控笔／水势训练）

| 实物联想 | 控笔图形 | 训练方法：手腕定点，指腕配合，逆时针匀速画圈。训练目的：了解水势，训练圆弧气息。 | 注水水势 | 训练图示 |

适合毛尖银针等细嫩茶品

续表

附图 4

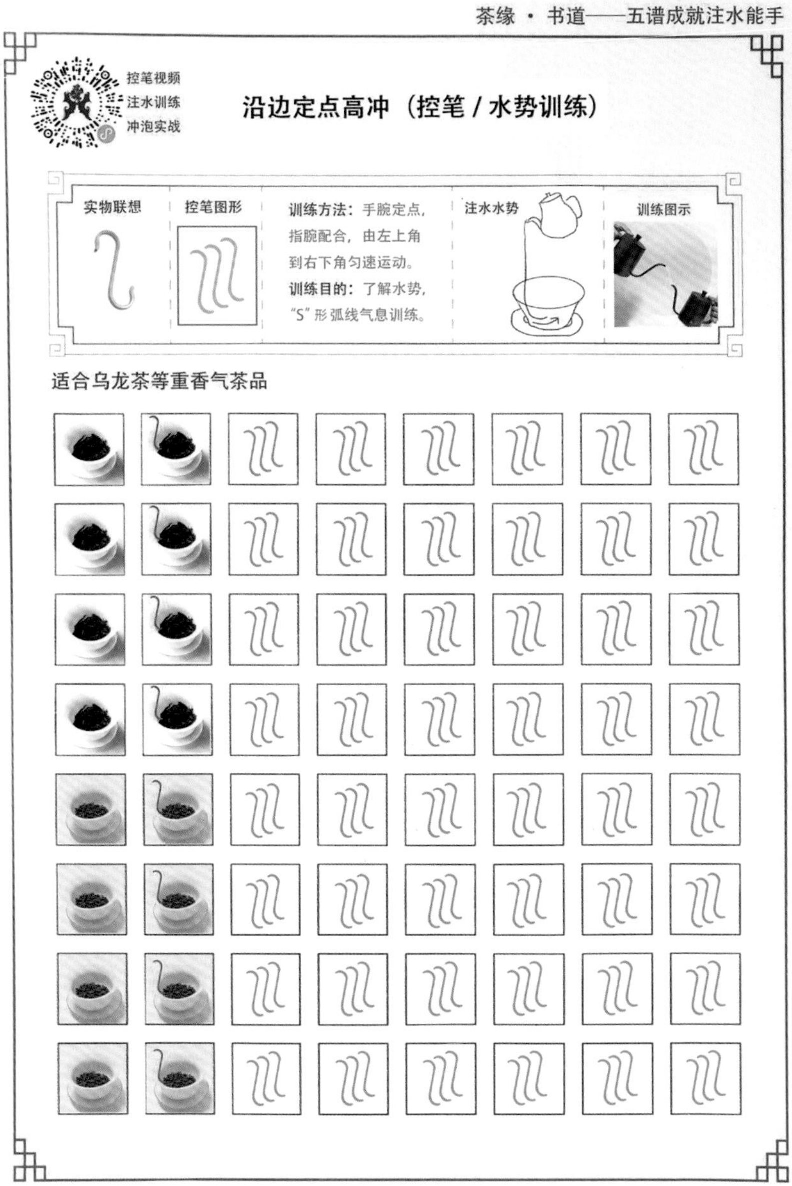
茶缘 · 书道——五谱成就注水能手
控笔视频
注水训练
冲泡实战
沿边定点高冲（控笔 / 水势训练）
实物联想
控笔图形
训练方法：手腕定点，指腕配合，由左上角到右下角匀速运动。
训练目的：了解水势，"S" 形弧线气息训练。
注水水势
训练图示
适合乌龙茶等重香气茶品

附图 5

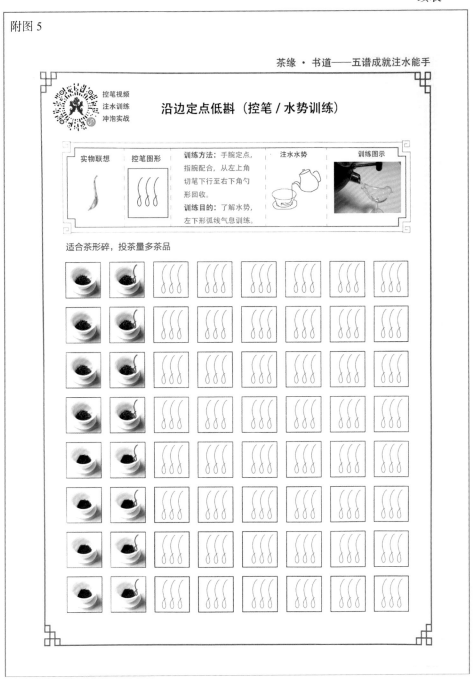

茶缘 · 书道——五谱成就注水能手

控笔视频
注水训练
冲泡实战

沿边定点低斟（控笔／水势训练）

| 实物联想 | 控笔图形 | 训练方法：手腕定点，指腕配合，从左上角切笔下行至右下角勺形回收。训练目的：了解水势，左下形弧线气息训练。 | 注水水势 | 训练图示 |

适合茶形碎，投茶量多茶品

续表

训练成效评价

1. 训练评价维度

（1）过程评价：突出训练评价的发展性，采用"多元评价＋立体化评价"方式，以评促教。

（2）评价构成：依托线上平台和软件工具评价训练前、训练中、训练后的三段数据；鼓励学员互助互评；任务参与、个人作品、小组 PK、卫生清洁等。

（3）增设"企业技师"评价：使用行企联动平台进行作品打卡、技术打卡，圈粉企业技师，拓宽职业路径，深化行企合作。具体评价维度及指标如下表：

评价维度	权值占比（%）
系统记录	20
营地教练	50
同伴评价	30

评价维度	指标细化占比（%）
前—策动	15
中—个体灵动	25
中—群体互动	25
后—行动	35

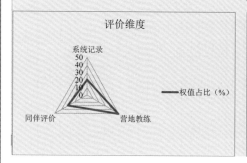

评价维度

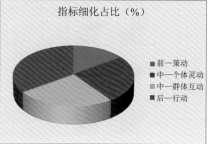

指标细化占比（%）

2. 训练评价系统创新

本营团队自主研发"注水图谱训练"程序对学员茶形水势匹配进行过程性记录（前＋中＋后），自主研发"茶技比对系统"开展师生、生生之间的技术 PK 与纠偏，并进行过程性记录（课中＋课后），并通过行企联动平台，教师直播"识茶形"、学员展示"茶程花式注水"。2 个信息化系统提炼评价数据包，1 个互动平台检验学员学习成果，让训练评价有据可依。

四动课堂评价明细表（系统）			
四动课堂	教学目标	评价数据路径	技能技术评价
前—策动	熟悉五款茶品茶形茶性	"识茶形"直播互动数据	超星在线课程平台导出学习数据包，统计学员自主学习频率及成绩（系统数据提取）
	能够根据茶形选择合适的注水方式	注水图谱小程序训练数据	
	了解五种注水手法的行茶规则	"超星"茶形小知识检测	

续表

四动课堂	教学目标	评价数据路径	技能技术评价
中—群体互动	理解水流影响茶汤汤质萃取要义	五款茶形认知（超星学习数据）	茶技比对系统作品打分，形成过程性评价数据（系统数据提取、点评、互评、自评表单）
	能够高效掌握"辨茶形、控水势"	茶形与水势搭配（图谱打卡）	
中—个体灵动	师生、生生茶技比对训练	茶技比对系统（茶技PK实效）	
后—行动	涵养工匠精细化品质（工匠精神）磨炼劳动意志（以劳育德）	"行企直播平台"足迹	行企联动平台提取学习数据包，获取企、生、师互动数据
		技师点评数据维度	

⊛茶精技·习五谱·训练营——训练安排

训前预学
（选用自主研发的"注水图谱训练"小程序开展）

	训练环节与内容	师—活动	徒—活动	设计意图
1	发布任务指南	在线平台发布任务	在线平台熟悉训练任务	明确训练指南
2	图谱绘制打卡	登录"注水图谱训练"小程序，确保学员线上打卡顺畅	通过教师提供的训练路径，观视频、绘图谱、比对训练	引起学员关注与兴趣；了解茶品茶形特征；绘图谱训练气息
3	注水趣味知识竞赛	在线平台发布"注水趣味知识"检测题	登录在线平台，完成注水趣味知识问答	了解茶形水势搭配要义；了解学员茶形基础学情

训中内化

（使用自主研发的"茶技比对系统"线上辅教系统、"茶程注水教具"等线下辅助教具）

	训练环节与内容	师—活动	徒—活动	设计意图
1	任务发放	发放训练任务单，自评及评价表、发辅助材料	接受任务，检查材料	明确学习目标与内容
2	讲授＋试验	开展茶水交融试验，演示注水关键技术	评价五款茶形融水汤感，找出五种注水手法差异	试验展示，循规蹈矩；了解五种不同茶形融水萃取度
3	示范＋训练	示范茶程注水五式，观察学员训练纠偏	借助教具规范注水范式，对照茶技比对系统纠偏	掌握五种注水手法；能依茶形择水势，精益求精
4	检查＋评估	检查学员任务情况，观察展演学员注水演示、点评、示范、纠正	3名学员参加注水演示，填写各项任务自查表，参与评价展演学员表现	检验学员茶形与水势搭配掌握程度，及时纠偏，反躬自省

训后提升

（使用自主研发的"注水图谱训练"小程序打卡、行企直播平台教练直播）

	训练环节与内容	师—活动	徒—活动	设计意图
1	小程序"打卡＋训练"	登录"注水图谱训练"小程序师徒、行企互动	登录"注水图谱训练"小程序开展训练打卡，行企技师点评	通过注水训练打卡，巩固茶形与注水搭配要义，承上启下，为"茶沏泡"打好基础
2	举办"无我茶会"	审核学员茶会流程确保茶会流程安全	自带茶叶与茶具 人人泡茶、人人敬茶、人人品茶	巩固学员的沏茶手法，在分享中和睦共助，精进技艺
3	图谱绘制与注水训练打卡，茶程注水直播	指导学有余力的学员开展直播教练；指导尚需努力的学员开展注水图谱小程序训练	学有余力的学员开展"注水直播"教练 有待改善的学员开展注水图谱巩固训练	进一步巩固学员的注水手法，在朋辈培育中激发学员学习内驱力

☺茶精技·习五谱·训练营——模式反思

不足	1. 茶品茶形成千上万种，实训过程需要大量的茶品茶样等耗材。实训经费有限，茶样虽然涉及六大茶类经典茶品，但各品类依然还有待丰富。 2. 了解"注水"对"茶风味"的影响，掌握茶形与水势搭配要义等内容需要长时间的沉淀和反复琢磨，加上本课程操作性强，学生需要"手把手"调整，课时紧张。 3. "注水图谱训练"小程序对不同学习群体的学习频率记录需要分类优化管理。
改进设想	1. 团队攻关研发"AR 茶样素材库"，解决茶品茶样耗材制约的问题 攻关研发"AR 茶样素材库"，坚持营前、营中、营后"三步一脉"连贯推进的授课方式，丰富训练前"茶品辨识"微课视频及优秀茶技师的茶样鉴赏视频，强化训练中学员进行茶形与水势配对实操，增设训练后学员注水茶汤品鉴 PK 项目，三个步骤分别从"看、练、固"三个层面多次强化，循序渐进地引导学员认知茶品，掌握茶形水势搭配技巧，培养循规蹈矩、精益求精的工匠精神。 2. 解决了茶课修身养心的教具研发，未来应以育人"建体系"逻辑深挖 《五谱注水》育人元素的挖掘遵循实践逻辑，如茶程的精益求精、茶事的以礼待人、茶艺的缓压疏导、茶会的一味同心等进行哲思扩展培育，修身养心有了具体载体。而未来以茶精技、以茶育人应遵循"建体系"的原则深挖知识、历史、社会逻辑，提高以茶育人元素挖掘的逻辑性。 3. 完成了"学法"的"化学式"融入，未来应提高"教案"生态式融入效度 茶艺的教法通过"辅教系统"的研发，催生学理、事理化学式融合，将育人元素转化为学员的思想元素，形成自身行为习惯；未来将着力点放在提高训练营教案生态式融入，平衡"政理、学理、事理"的生态位，明确训练实施路径和时间表。

承接先贤智慧

每临大事有静气。静而后能安，安而后能虑，虑而后能得。

——《菜根谭》

践行"六洁管理"模式

机缘孵化助力

"青萝宝地"+"平波缓进"+"小水长流"让我们"茶清境"有了青萝，有了朴质，有了雅致！

第三章

茶清境——茶师·茶室和惬

《茶·修》刘婧

一、青山元不动，萝云自去来

——茶器舒心意

◉ 缘——初来乍到，与茶结缘

2008年4月28日，一个阳光明媚的上午，我怀着无比激动的心情再次步入母校。它地处粤港澳大湾区腹地的广州市番禺区，建于滴水岩森林公园旁（面朝青山湖，背靠滴水岩），校园湖光山色，景色旖旎，花木繁茂，四季苍翠，是广州市花园式单位。此次返校与以往不同，换了个身份，以前回来是学生，而这次是我离开母校这个大家庭之后的又一次回归，这是我梦寐以求的一天。

这一天，注定是忙碌的一天。到岗报到既兴奋又担心，兴奋的是我的角色转化，担心的是我的岗位胜任力。我第一次走进环境井然有序的何善衡教学楼3306茶室，一排排鸡翅木茶车、一格格各式各样的材质器具、一沓沓传统色泽茶旗，每一样物件都有标识，每一个抽屉都有表单，琳琅满目、有条不紊，好像茶艺室的每一角落、每一样器具都在跟我表达它们的"诉求"——保持环境洁净、呵护器具周全。

那天，是我第一次认识陈老师，她一袭蓝色茶服，干净利落，面容和善。陈老师拉着我的手，带我进入课堂，我不由得把刚刚的紧张情绪全都抛诸脑后了。

陈老师的桌席上摆置了两只玻璃直升杯、一张竹制茶盘、两款茶品、一把煮水壶，课程主题是"茶形与投法"。"难道不同茶形有不同泡法？难道泡茶不是用紫砂壶？"我脑海里冒出一连串问号。

果不其然，不同茶形，沉水速度有快有慢；不同茶形，内质释放有先有后！同种注水方式不能包容万千茶品！

通过一节茶水实验课，形象地呈现了茶汤的萃取过程。比如，西湖龙井，光扁平滑的外形，将其投入水中，犹如"一叶扁舟轻帆扬"难以下沉；碧螺春，紧结成螺的外形，将其投入水中，犹如"白雨跳珠坠入河"迅速沉浮。由此，归纳提炼：西湖龙井此类不易沉于水的茶形宜采用下投法（投茶—注水3分—润茶—续水7分）；碧螺春此类易沉于水的茶形宜采用上投法（注水7分—投茶—静置奉茶）。

形象而简洁，难怪学生爱上茶课，我也爱上了！

或是阔别课堂许久，或是理科学习生涯不同，抑或是陈老师的安定自在，看在眼里，喜在心底，我一个生长在北方的工科生，能处在如此古风气息的场所，我愿意每天擦拭茶台、每天盘养器具……

心潮澎湃的我脱口而出："我也想学茶！"同事开玩笑地说："你是来这工作的，哪能跟学生一样！以后这里的一杯一具、一桌一凳的管理，这里所有的设备、家具、耗材的采购都由你负责"，听到这些我内心不免惶恐，因为我对它们完全不熟悉，那天，我甚至还不敢靠近茶具，生怕一不小心损坏了它们……从那时开始，我暗下决心，我要学茶。

2008 年 4 月 28 日，我与茶结缘，以至在往后的工作中，对茶室也多了些憧憬和期待。

🌑 逅——初访茶市，邂逅美器

金秋九月，茶市调研。

我来校工作 5 个多月了，陈老师带着我认识了茶室的每一样器具，也带着我做茶课的每一节计划，所以我能熟悉茶课的教学任务安排。

在陈老师布置任务之前，我就做了班级学生人数统计、车队发车经费了解、茶室物料耗材盘点等工作，因为按照授课安排，我们要带学生外出茶市调研了！

听同学们说，大家都盼着能快点开展茶叶市场调研，有要开眼界的、有要带礼物的、有要切磋茶艺的……

听陈老师说，学生外出调研，每个人都有学习任务，我们全班按照六大茶类进行分组，分别是红茶组、绿茶组、白茶组、黄茶组、青茶组、黑茶组；每一茶组针对性地调研该类茶品的市场品类、等级、价格、冲泡方法等，撰写市场调研报告。老师外出调研，需要选购本学期的六大茶类经典代表茶品，我们要在预算范围内找到性价比最高的茶品，时间会相当紧张。

听专业负责人老师说，调研前，需要盘点现存茶品以做好采购计划；调研时，学生调研动向需要记录在案；调研后，茶品需要登记在册以做好报销手续。

听罢，我期待而又忐忑，期待的是有机会见识一下听过但没见过的茶品，恩施玉露、君山银针、马肉、龙肉、虎肉……忐忑的是我对整个流程不熟悉，如何才能做好这个茶市调研的后勤保障呢？我是一个谨小慎微的人，我每做一件事情，都会强迫自己去掌控每一个时间节点，于是，我鼓足了勇气，开始跑车队、跑财务、跑装备、跑教务，我向领导请示、跟同事请教，才对茶市调研的前、中、后作出了以下梳理，在此，与您分享外出调研我的后勤事务性工作任务及时间节点，包括后勤保障工作、学生管理方面工作、采购方面工作。

* 后勤保障工作：人数统计—交通落实—物品准备—师生花名册（检查明细表单如下）

落实时间 工作事项	出发前 2 周	出发前 1 周	出发前 1 天
落实带队教师	√		
学生人数统计	√（人数统计）	√（人数确认）	√（人数再确认）
车队交通落实	√（车队约车）		√（落实确认）
户外物品准备		√（急救医护包）	√（点心糖果）
收集联络方法	√		

* 学生方面工作：项目分组安排—学生任务认领—学生身体状况—学生考勤管理（检查明细表单如下）

落实时间 工作事项	出发前 1 周	出发时	返程时
六大茶类分组	√		
调研任务分配	√		
学生身体状况		√	√
学生考勤掌握		√	√

* 采购方面工作：盘点库存—梳理清单—专业论证—提交申请—开始采购—部门验收—财务报销（检查明细表单如下）

茶品采购、出入库记录

操作	品类	茶品		
		品名	单价	数量
盘存	绿茶			
	黄茶			
	白茶			
	青茶			
	红茶			
	黑茶			
入库	绿茶			
	黄茶			
	白茶			
	青茶			
	红茶			
	黑茶			
出库	绿茶			
	黄茶			
	白茶			
	青茶			
	红茶			
	黑茶			

货物参数信息

序号	货物名	品目名	品目编码	技术参数	数量	单价	单位	总价	备注

零星耗材采购验收明细

采购项目			
经办人		联系电话	
资金编码		财务项目名称	
采购预算金额（元）		拟成交金额（元）	
采购情况			
协商时间：		协商过程及结果：	
采购清单：		供应商：	
采购小组成员	部门名称	职务、职称	签名
			（签字）
			（签字）
			（签字）
验收情况			

117

续表

验收小组成员	部门名称	职务、职称	签名
			（签字）
			（签字）
			（签字）

备注：

　　1. 采购项目需特定资质供应商的，需提供营业执照复印件等相关资质证明；

　　2. 采购小组成员应为 3 人或 3 人以上单数；

　　3. 申购人完成该登记表并在采购管理系统上传电子扫描件备案。

　　4. 通过零星采购方式购买的货物类，构成资产的，需按国有资产管理规定进行资产验收，验收情况以国有资产验收单为佐证；不构成资产的，可以自行验收。

　　5. 自行验收的应列明采购物品名称、品牌型号、规格参数、数量、单价、验收是否合格等信息。

　　经过半个多月的问询与整理，我留存了以上五项表单，它们一直都是我工作日志中的重要内容。有道是笨鸟先飞，我就是。

　　事成愿同，我们出发了！

　　三位老师与八十余位同学来到了期待已久的茶叶市场，同学们手中拿着任务表单，眼睛紧盯着任务茶品，为了完成小组市场调研报告，大家都使出浑身解数，与老板攀谈、与伙计谈天、与茶好生亲近。

　　我们三位老师也不敢懈怠，加紧步伐寻找着合适的茶品，我们一家一家问询，一家一家比价，转了一圈又一圈，还是没法筹齐六大品类二十四款茶品。

　　这时，我的手机响起，是黄茶组的王同学："老师，我终于找到一家有售黄茶的店了，但是，我怎么觉得像白茶呢？"刚在车上，陈老师特别交代黄茶组的同学，一定不能大意，在市场，时不时有用毫毛富显的红茶来充当黄茶的商家。依照王同学的方位指向，我们在市场西北角转弯处，找到了一个门面。

　　老板娘热情地接待了我们，看着茶桌上芽头肥硕、满披白毫的茶叶，我小心翼翼地扯了扯陈老师的衣服，问出了心中的疑惑："这个不是白茶白毫银针吗？怎么说是君山银针呢。"

与此同时，王同学率先向老板提出了疑问，陈老师笑而不语，老板娘却已笑不拢嘴，招呼我们坐下来品一杯，待到炉上水开，她将冲出的第一道茶汤倒入玻璃公杯让我们看，坐在前面的王同学一眼便发现茶汤的颜色是橙黄色，与我们课堂上讲到的这种品相的白茶汤色是不一样的。

2020 年 9 月 25 日（星期四） 多云　茶点老板语录

今日芳村茶叶市场调研终于成行，我跟着两位老师来到了市场停车场西北角的一家茶叶店，老板是位热心、有情怀的茶人，好喜欢她对"君山银针"的介绍。

"有一种茶现在不喝，以后可能就喝不到了，那就是黄茶，今天咱们喝的这款是黄茶的至尊——君山银针。黄茶属于六大茶类里的轻微发酵茶，它比绿茶的工序多了一道焖黄，它工艺不简单，制茶师傅先焖黄的"度"的掌握相当重要，讲究'刚刚好'，多一分会成为青茶，少一分，又成了绿茶。"

"黄茶是小众茶，它的鲜爽度不及绿茶，香气又赶不上乌龙，功能性又不像黑茶、白茶那样突出，所以喝的人不多，做的人就更少。在芳村市场，老师们就知道，很多黄茶鱼目混珠，有红茶平替，也有绿针当家，要喝上一口地地道道的黄茶，真的不容易。今天，我们喝的君山银针是用鲜嫩的芽头制作而成，跟白毫银针那个原料等级是一样的，是这种金黄色，这个原料看头就特别不错，芽身上面满是白毫，也有人称它为金镶玉，闻起来香气有点像是绿茶混合上白茶的感觉，就是那种草木在太阳底下晒干后的那个味道。"

"君山银针的冲泡方法可以参考绿茶使用玻璃杯或者盖碗冲泡。君山银针来自湖南岳阳，在很长的一段时间里面，它其实都是一茶两做，就是说它有可能是绿茶，也有可能是黄茶，直到近些年，大家可能是感受到了定位的重要性，才确定君山银针特指的就是黄茶，也更加夯实了这一款在黄茶里的至尊地位。"

"黄茶的香气走向是板栗香和炒米香。刚刚我使用 1：50 茶水比，水温 85~95 摄氏度，大概 10 秒出汤。黄茶的工艺就是在杀青完了之后进行摊凉，焖黄，茶多酚在湿热作用下会慢慢氧化。黄茶呈现三黄特征'叶黄、汤黄、底黄'，汤色金黄明亮，香气纯净清新，滋味甜润甘爽，苦涩味不重，所以生津回甘，没有绿茶那么明显。我个人觉得绿茶是让人联想到春意盎然、清凉消暑的，但黄茶给我的整体感受就是秋天到了，是那种粮食丰收的感觉，它还是在草木的范畴里，没有跨界到花香、果香这个领域，但它的草木味，就是更加成熟，更加温和，相比较而言，我更喜好黄茶多一些，因为黄茶恰好就是因为那道焖黄的工序而变得而更加温和，这就是为什么我会来销售这款小种茶的原因，只要坚持，只要它好，市场总能打开！"

摘自漫茶堂茶修笔记

我们一边品着甜醇的茶汤，一边听着老板的介绍，那天我一直带着笔记本，仔细地记录着所见、所听、所感、所获。

这是一位有情怀的茶店老板，这也是茶市场调研的目的所在，让学生问、让市场教，别有洞天。我们交谈甚欢，老板在学生的软磨硬泡下，承担起为我们寻齐六大品类二十四款茶品的担子。我们跟着老板穿梭在市场的各个店面，我在专业负责人老师的陪同下，在茶课老师的品鉴点评下，在学生的辅助下，选着、品着、开票、点数，完成了本期茶品耗材的选购工作，边学边做，乐趣无穷。

贵人相助，我们提前完成了茶品耗材的采购！

见时间还早，陈老师带着几位学生跟我来到了芳村市场二楼的茶器主题店。如果说刚才一楼的茶品让我感到新奇，那二楼的器具、摆件、家具就更是让我大开眼界了。

学校茶室的茶器虽多，但都是日常标配的教学实训器具，是易耗品，所以品质不高，而在店里货架上摆放的都是专用材质且讲究精良的器具，琳琅满目，美不胜收。

记得初入眼帘是的一只天青色的茶杯，它犹如雨过天晴乌云散开后天空露出的那一抹蓝，在展柜灯光的映衬下，质感温润如玉。此时的我像发现了新大陆一样惊奇，看到标价，异常惊讶——居然有五位数！我唤来了学生们，陈老师随即与我们分享了它："这款是五大名窑之首的汝窑，因窑址位于宋时河南汝州境内而得名，它始于唐、盛于北宋，断烧于南宋，前后烧窑不足 20 年，由于烧造时间短暂，且烧制工艺复杂，将近 70 多道工序 2 次烧制，且成品率低，传世亦不多，故弥足珍贵，'纵有家财万贯，不如汝窑一片'的说法也由此而来。目前市场上的汝窑瓷器，多为现代工艺烧制的仿制汝窑，而且汝窑烧制过程中，由于窑变，不同批次乃至同一批次不同位置，烧制出来都有差别，所以每一件汝窑瓷器，跟人一样，都是独一无二的。"

听着这些，不禁让我感慨，茶的世界真大，一片树叶经过不同的制作工艺成就了六大茶类，一样的泥土，经过不同的烧制工艺成就了不同的美器。

从那以后，我开始了一些特型茶具的"搜藏"，无独有偶，陈老师告诉我，搜器，她也在路上！陈老师告诉我："清醒时听茶，糊涂时读书，愠怒时吃茶，独处时养器。"

于是，我们自掏腰包，十余年来，为茶室博古架慢慢地添置了各式各样的器具，有古朴素雅的粗陶、有美丽古朴的彩瓷、有精雕细刻的紫砂、有奇形怪状的柴烧……

这一次茶叶市场调研，学生们收获颇多，我也一样。

从我买入一只捶打纹银壶开始，我便爱上了茶文化，这也许就是我在茶室起早贪黑工作的动力。

❀尽——烹茶尽具，来之不易

> 疏香皓齿有余味，更觉鹤心通杳冥。
> ——温庭筠《西陵道士茶歌》

茶器见证一切——水的温度、茶的渴望、茶水的香甜，以及茶的姿态。有历史的器物拥有打动人心的力量，人和器物的交流，始于无声，终于念念不忘。有时候去博物馆，就是为了看自己心仪的器物，明明得不到，却依然想念，这就是器物的魅力。大美无言，慕者云集。

烹茶尽具，酺已盖藏。茶与器的结缘源自司茶人对茶语的解读，对器相的品鉴。一杯茶汤，承载了一段好茶缘，也积淀了司茶人的修为：如茶，能稳住浮躁之心；如歌，能装下世间烦琐；如器，给予生命之叶以舒展的欢愉。

在茶修营五大营地，我们为学员设置进阶训练任务，在识器营，通过识器闯关进阶的方式去领取学习任务：一阶为标器；二阶为适器；三阶为赏器。

* 何为一阶标器？

识器一阶，茶器具学习内容是"茶具识别、茶具功用"标器认知。实训场所备齐绿茶茶艺、乌龙茶茶艺、红茶茶艺等基本器具，即备水器、主泡器、品茶器、辅助器等。以支撑识器低阶"茶艺茶程""茶具品类"等茶修训练。

绿茶茶艺标配器具：玻璃杯、随手泡、水盂、茶道组、茶叶罐、茶荷。

学员林文丽

乌龙茶茶艺标配器具：紫砂壶、随手泡、茶海、品茗杯、闻香杯、茶叶罐、茶荷、杯垫、茶道组；

紫砂壶　茶叶罐　杯　垫　随手泡　品茗杯　茶道组　茶海　闻香杯　茶　荷

学员黄梓洪

红茶茶艺标配器具：盖碗、公道杯、随手泡、茶道组、茶荷、茶滤、水盂、品茗杯。

茶荷　盖碗　公道杯　随手泡　茶滤　水盂　茶道组　品茗杯

学员洪玉文

＊何为二阶适器？

识器二阶，茶器具学习内容是"悦泡好茶，择具而行"适器训练。实训场所需备齐瓷器、紫陶、大漆、玻璃、金属、竹具六大品类器质茶具，以支撑识器中阶"择茶配具""茶席设计"等茶修训练。

适器示例——瓷质器具与宫廷普洱（黑茶）

适器示例——玻璃器具与西湖龙井（绿茶）

适器示例——陶质器具与老贡眉（白茶）

适器示例：——柴烧器具与水金龟（青茶）

＊何为三阶赏器？

识器三阶，茶器具学习内容是"茶滋于水、水借乎器"美器熏陶。实训场所可备特型器具、名师手办，以支撑高阶赏器鉴别、玩器养性等茶修训练。

　　2008 年至今，我们器具的样式及品种也是"摸着石头过河"，一步一脚印，一壶一碗杯，无不见证着我们的积沙成塔。

　　2008 年 4 月 28 日，领导给我的叮嘱："学校虽然有关于实训教师的职务说明书，具体工作职责也有明细，但在实际工作中，工作事务零碎繁冗，有时难免面对一些不满情绪。但如能做到以室为家、师生同心，那么做到窗明几净、高效节用也就不难了！"

这份叮嘱，我一直记着，也一直履行着。"茶室既要满足教学活动，又要节约成本"这一目标一直是我工作的导向，我也尝试以我的计算机专长来弥补管理流程的短板，比如简化耗材盘点工作流程，即时维护，检查设备设施故障等。

为此，我将企业管理的"6S 管理"模式引入到茶室日常管理中。茶室6S 管理定义——整理（Seiri）、规范（Standard）、清洁（Seiketsu）、素养（Shitsuke）、安全（Safety）和节约（Save）。

茶室"6S 管理"模式具体应用

指标	释义	具体应用
整理（Seiri）	要与不要，一留一弃	整理整顿工作区、存储区及上墙制度与警示语
规范（Standard）	科学布局，取用快捷	物品放置规范、实验工具材料整齐、卫生工具规范
清洁（Seiketsu）	清洁环境，贯彻到底	清洁实训环境与工作设施设备，保持实训场所干净亮堂
素养（Shitsuke）	形成制度，养成习惯	建立实训设备、低值易耗品台账，养成师生讲程序、守规则的习惯
安全（Safety）	安全操作，以人为本	严格按照实训室安全操作规程与管理制度，设备无故障使用
节约（Save）	物尽其用，厉行节约	耗材及时盘点整理、设备定期维护、科学保养，减少设备损耗

我是工科科班出身，计算机是我的长项，为茶室研发智能视频监控系统已获软著版权保护。近两年来，我在尝试搭建茶室 6S 管理模式的"互联网 +"信息化管理系统，现在处于试运营状态——室态查询、设备维护、耗材查询、实训室调换、实训教师排班等进行 6S 管理控制。比如，具体哪一桌台设备故障，教师及学生进行实时网络平台登记，一旦登记在案的设备即可不再开启，此例属于整理、整顿、安全维度；比如，实训教师从信息化管理平台进行耗材物品盘点，系统可精确到耗材物品的具体位置及存量等，此例属于素养、

节约、规范维度。

以上是茶室信息化管理手段，在日常工作中，还是有很多工作是"信息化"替代不了的，比如器具如何选购搭配性价比最高，耗材如何保存才能不影响品质，茶室卫生如何保持等。

接下来，与您分享我们的一个茶具采购小技巧：

* 考虑教学过程中特定器具的损耗率

比如，红茶标配茶具，您会选择以下哪一种方案？

A：套装茶具 1 盖碗、6 茶杯、1 公杯（合计 8 件）

B：散装茶具 1 盖碗、5 茶杯、1 公杯、1 碗盖（合计 8 件）

如从省时省力的角度，大家都会选择 A 方案，但如从损耗率的角度，我们选择了 B 方案，它有两个好处：一是实际操作过程中，学员使用盖碗、碗盖破损率高，如采购茶具套装，一旦一盖损耗，则整套无功；二是套装茶具只能满足茶修营的标器训练，散装茶具可以不同材质、不同品相、不同色泽，以融合为要，如此即可满足"标器"一阶训练，亦可满足"适器"二阶训练，延展了茶具功能。

* 考虑教学过程中特定器具的性价比

茶修营茶器营地虽分三段进阶研习，但三阶茶器也有"交叉"之处，而且"交叉"空间越大，在额定经费的前提下，茶器的性价比及性能也就越大！

比如，2022 茶室升级改造——货物类项目，采购合同有一项是"不锈钢随手泡 30 把，单价 300 元"。品目、数量、单价一目了然，执行难度不大，只要敲定款色、容量即可。但在漫茶堂，我们不怕麻烦，我们想方设法挖掘每一个器具的性能，比如我们将漫茶堂茶修文化，陈老师的笔墨通过激光雕刻拓印在壶身之上，原本只有"煮水泡茶"功能的标器，摇身一变，具备了空间美学功能的"赏器"。

我们在茶器筹集方面没有技巧，只有苦功。"积露为波"就是硬道理，2008 年至今走过了 16 年，茶器从凡桃俗李到精致通明、从量小力微到更仆难数。

当然，这里需要厘清的是，学校对实训器具的经费是有额定的，比如，上文提到的茶修营识器高阶美器，没办法通过学校层面申购，它们来自我们很多老师的私人藏器，我们喜茶好器，只要茶室能为大家妥善保管，又可以服务教学，我们何乐而不为？

2021 年茶室更新改造，我们特地为这些"私家美器"建成 2 处展柜，它们是这些私家美器的庇护所，也是我们赏器、鉴器的陈列柜。柜中的每一件器具，都有"主人名"，都有我们结缘的故事。器物虽无声无息，但当它成为茶人生活中的一部分时，人与物之间的情感便会在茶香的氤氲之中渐渐滋长。握在手中，挨在唇边。如果说人与人之间最好的情感是陪伴，那么人与物之间最好的情感应该是不离不弃。

二、因时制宜，更新迭代

——茶室和惬

● 2015 年春天，"学院搬迁"为茶修寻得"青萝宝地"

2015 年春，学校鉴于校内机构和教学单位调整、专业发展与学生实训场所集成等综合考虑，统筹部分学院办公场所及实训课室搬迁。我们学院就是其中的一员，我们将由"何善衡楼"搬迁至"滴水岩下"。

青萝嶂下滴水岩，青葱郁郁、风光月霁、鸟语花香，茶室的风水宝地啊！

我战战兢兢地接过茶室的搬迁与建设任务，我发现人的潜力是无穷的，长期的文化熏陶，使我一个工科女慢慢地有了文艺范，我也可以让自己从委随不断到心中有数。现在，与您分享一、二例：

*2015 年茶室建设目标

陈老师喜读易经，将"五行"融于茶室建设目标："在茶室，我们取炭生火（木—火），用壶烧水（金—水），以水泡茶（水—木）等，茶室各物均由金、木、水、火、土组成，它们并不是绝对的存在，而是临时的状态，它们会根据固定的排列模式不断变化。我们茶室五行喜木火，以水为主，以'水生木、木生火'来设计，以木材为主要装饰材料，配以红色桌椅元素，构成'水生木，木生火，火生土'的格局。"从中，我明朗了建设的主要用料以及桌椅板凳的颜色要求。

专业负责人查报表，实打实地跟我讲茶室的建设目标："这次举院搬迁设计与建设涉及学院教师办公室（12 间）、专业实训室（9 间），总面积约 1800 平方米（办公室及会议厅合计约 570 平方米，专业实训室合计约 1230 平方米），建设总经费280万元，预留3%作为备用金，各个实训室基建装修经费按照平方数进行分配，但具体还需跟各位实训室责任人落实。"从中，我明朗了建设的总费用以及各间实训室基建费初期预算！

*2015年茶室建设流程

本次茶室搬迁，时间紧、任务重、无先例。

梳理建设流程如下：梳理责任人建设要求—组织专业需求论证—跟进设计单位图纸—跟进预算单位报价—申请学校招标采购—监督施工单位进程—验收—报销

协调跟进工作如下：协调责任方包括责任人、基建部门、设计单位、预算单位、施工单位、监理单位、财务部门；跟进事项包括责任人建设要求落实、设计单位图纸解读、预算单位明细磋商、学校招标评标事宜、施工进度即时跟进、监理单位情况反馈、基建项目评估验收、基建项目报销跟进。七部门八事项盘根错节，我们按照责任部门与对接事项进行"一一匹配"，形成了我手中的整个工程流程备忘录，它能即时提醒我该跑哪些业务部门，关注每一事项的时间节点。

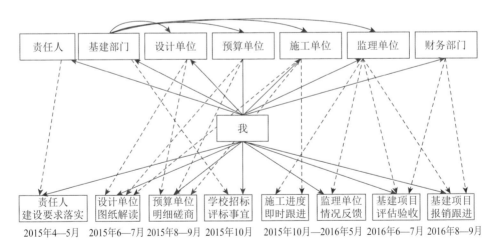

*2015年茶室建设法宝

一年半的茶室建设，随身三件宝——一把测距仪，现场校对；一顶安全帽，护我周全；一卷工程图，随时翻阅。

一把测距仪解决了"双层地砖"问题：2016 年 4 月底茶室即将完工之际，走场时总觉层高压抑，但施工方坚持其施工是严格按照图纸执行，让我们自行查验。别无良策，手中只有测距仪与工程图，一量层高为 330 厘米，工程图为 338 厘米，这个 8 厘米的差距问题究竟出在哪里？与监理公司联系，现场测量，最终发现了问题——施工方为了节约人工成本，直接将新地砖覆盖在旧地砖上，才导致了"层高"的差距。

一卷工程图解决了"错位理解"问题：茶室工程历时一年半，初期基建设计单位只提供平面图纸，没有立体效果图，这让文科科班出身的陈老师晦涩难懂，很多时候陈老师的意图很难传达给设计方，而设计方的图纸，我们亦是心里没底，为了更好地推进项目，我们自学 COREDRAW 熟悉图纸、自学三维制图，以求得与设计方同步，这样与施工方对接我们就更有底气了。

一顶安全帽解决了"空调走水"问题：2016 年 6 月，项目进入了收尾阶段，但空调设备未到位，它的位置会影响到茶空间的环境，所以必须赶在施工方清场之前完成，而且开学在即，教学任务更是不能耽搁……经与设备科同事联系落实了空调的采购进度，先安排师傅上门查看现场、铺设空调管道及电路，以便为天花架设预留时间与空间。还记得，那天空调师傅没戴"头盔"，我本能地将我的"安全帽"递交给师傅，兴许就是这一举动，为接下来的工作提供了诸多便利，比如，安装连接室外机铜管时，室内安装妥当，检查时却发现室外排水管未接引地管。通过询问得知如果接引导管需要额外的费用，还需要走流程等批复……在我发愁苦恼之际，那位戴着我的工程帽的师傅跟我说，他工程包里有水管弯头和一节 20 厘米长的 PC 管，如果不介意品相的话，可以给我们直接接上。办法总比困难多，感恩师傅之际，师傅却说了一句让我一直记着的话："谢谢你的'安全帽'！我们一直碰到的都是据理力争的甲方，而你是关心我们的甲方！"

2016 年秋，滴水岩青萝嶂，有间茶室落成了，它从纵横交错的平面图中跃然于一片静逸苍竹之围，名为"漫茶堂"。

茶室建成两大功能区，一是大堂教学区，二是茶会体验区。不同区域功能不同，应该都有个不同凡响的名字。所以，我们从其承载的功能着手，以贴合环境氛围为目的，为其起名。茶课老师喜书法，好附联，为了让空间更为惬意合题，四处拜访书法名家，费时两月寻得遒劲柳体，再以激光雕刻拓印成联。

大堂教学区，起名"漫茶堂"，"漫"同"慢"，取朴实蕴蓄之意，以联呼应——习茶日迢迢，修行路漫漫。（日日行茶，时时修持，长路漫漫，日积月累）

茶会体验区，起名"青萝坊"，"萝"同"罗"，取地理标识之意，以联呼应——青山元不动，萝云自去来。（青山任由萝云环绕，亦岿然不动，安定心境、关照外相）

学院搬迁为茶修寻得了青萝宝地，青萝翠竹——我种南窗竹，戢戢已抽萌；坐获幽林赏，端居无俗情。

✿ 2016 年冬天，"服务课程"让茶修赢得"平波缓进"

高校的实训室是进行理实一体化教学、培养学生技术技能的场所，是开展社会培训服务的基地，对于锻炼学生操作能力和提升教学质量也有着重大的帮助。因此，实训室建设是高职院校对学生展开职业技能练习以及职业素养培育的必要条件。

茶室每单位饮品空间均按照茶馆的营业标准进行配置，具备仓储、品鉴、调饮、展演、会议等功能区，场地设施设备齐整。与时俱进是我们的目标，还原真实职业环境，跟紧行业新业态，茶室的建设一直在路上！

自 2016 年茶室建成以来，它承担着我院酒店管理、旅游管理、社会工作、商务英语等专业的商务茶课，除此之外还承担了茶艺师职业技能鉴定考证、茶艺师职业技能竞赛训练、校滴水茶舍社团活动以及省、市中小学劳动教育基地项目——《岭南工夫茶》，实训室使用率逐日攀升，社会服务项目日就月将。

就像自家房子一样，住着、用着，就会发现一些地方如能稍作调整，那就更完美了！

2016 年 9 月 30 日　星期五　晴　洗漱槽不够

学生：老师，我们刚从体育馆跑过来，口渴得很。

老师：今天老师煮了一款与大家"同龄"的茶——"20 年老白茶加 10 年老陈皮"，能和胃安神！

学生：(围桌而饮) 老师，喝了发现额、肩、颈发汗，口中药气带甜味，现在喝白开水都感觉甜丝丝的！

老师：体育课之后的茶课"安体躁、平气息"。这款老茶能让我们肩胛发汗—两袖生风—口齿生津，内在安定，有利于我们的茶程训练。今天我们分享的是：茶程注水。

老师课前煮茶以安顿学生体育课后的体躁，但因缺乏洗漱槽而导致大家排队等候，同学们的情绪不免有些影响。

当初基建只考虑了洗涤区容纳量，却忽略了洗漱盆的承载量。

2017 年 10 月 12 日　星期四　多云　教师摔跤

今天，茶课老师在讲台上摔跤了。茶课老师授课一直很受学生欢迎，讲课代入感特别好，肢体语言比较丰富，讲到精彩处，一不留神，一脚踩空崴了脚踝！

当初基建只考虑提高地台以做"讲—学"功能区分，却忽略了地台边缘区域需要做好与地面瓷砖颜色区分，以防地台踩空事件，这是一个教训。

2017 年 12 月 5 日　星期二　多云　插座不够

今天，茶课内容是"茶与器搭配"。茶课老师自带一把银壶和一把铁壶，我和同学们都大开眼界，迫不及待地等候茶课老师的"茶—器"搭配试验，我备好水，却发现讲台上除了供电脑使用的三插插座，没有多余的三插插座了，为此，茶课老师由讲台区转移到学生冲泡区，以便随时、顺手取用茶壶。

当初基建讲台强弱电布线只考虑间距问题，只考虑茶室不同区域的照明、插座、空调、多媒体等电路都要从配电箱分路分开布线，但却忽略了二三插插座配比与配备，吃一堑，长一智啊！

——摘自漫茶堂茶修笔记

由于初建时间匆忙，加之自身能力有限，很多细节并未考虑到位。茶室建设"一劳永逸"是不可能的，但"伺机而动"却是我们一直都有的习惯，找问题，解问题，"尽善尽美"我们一直在路上。

从 2008 年开始，我们茶室师徒就约定了开启"茶修笔记"工作日志，这不是学校的"规定动作"，而是我们独一无二的"自发行为"，它记录着我们茶修日常碰到的"问题""瓶颈"与"快乐"。

自 2016 年茶室搬迁至全部建成的 2021 年，五年的时间，这一份茶修笔记关于茶室环境还需改善的地方，是五年时间检验的结果，有理有据。2021年，这让我们抓住了学校"双高建设"的契机——实训室升级改造！于是"项目论证、项目答辩、采购申请、招标评标、合同磋商、施工监工、验收报销"我们又重新走了一遍。

茶室现存问题梳理（摘自《茶修笔记》）

序号	问题	方案
1	行业技能技术要求变化 （从茶艺展演到茶汤品控转变）	配备评茶器具
2	茶馆新增茶师素养要求 （从泡茶技术到美学修养）	增设空间文化展柜
3	行业新业态调饮师器具缺乏	配置调饮器具
4	洗漱槽容纳量不足	洗涤区增加 2 个洗漱槽
5	讲台边角颜色区分度不够	地台四周以银色不锈钢条包边
6	电位不足且安装位置不够合理	增加电位
7	依山傍水环境潮湿墙纸霉变 茶品、茶服容易霉变 挂件霉变腐朽	改用石漆墙面 新增铝合金架柜、茶服柜 更替茶室挂件
8	标配茶具等易耗品损耗	补给石墨茶台、不锈钢随手泡
9	洗涤区与教学区隔断不明显	新增屏风、隔帘
10	茶服、茶旗、茶布手洗耗时耗力	协同咖啡、烘焙实训室采购洗衣机

在我们的不懈努力下，"茶室升级改造——货物类、工程类"项目获批，2021 年 9 月 6 日施工方正式入场。

"实训教师"这个岗位让我从工科背景到文科履历奋战十余年了，从刚开始的不匹配，到现在的取长补短，比如我的工科知识可以支持茶修营信息化教学软件的开发，茶文化的熏陶可以滋养我的情商与美商。

*2021 年茶室升级改造——合"天时"

金秋九月开工，天时地利人和。

我们有"人和"！这次的施工单位现场工程师美学修养高、性情温和，工作有条不紊。

我们缺"天时"——阴天连绵，开工与开学，开工不能影响开学，开学必须赶紧开工！漫茶堂教学楼工作日都要上课，为了不影响教学，我们提出了施工诉求："本次涉及基建硬装的项目建议选择在周末及工作日夜间作业，以免动工声音影响教学楼教学秩序。"2021 年 9 月 7 日，正值星期二，一周伊始，施工方也提出了他们的诉求："硬装先行，软装后做，如按照我校要求，工人夜间作业，下班没有公共交通工具，施工方还得安排交通工具接送，增加成本同时影响工期。"双方都有诉求，双方都需要协调，那么我们从项目本身着手，细分项目品类，我们花了两天的时间走现场、理项目，还真找到了办法：将地砖、水槽、格栅等基建项目挪后，将物料采购、墙面批荡、电位开槽等细碎要项提前，按照这样的思路，双方最后敲定施工方案。

*2021 年茶室升级改造——"门"事件

2021 年 9 月 19 日，星期日，拆地砖，工人师傅发现门框地砖一旦拆除，初期基建工程门将会严重受损，加之项目合同里并未有更换门窗的费用品目，工人师傅们停工，等待我们的处理意见。

事发突然，后勤基建部同事与项目监理公司走场勘验——结合工程门门框与地砖嵌接情况及工程门质量情况，一旦拆卸地砖，工程门门框必损无疑。基建部同事建议使用工程质保金，但这次工程修缮项目金额不足 10 万元，没有质保金。因此必须按照学校货物采购流程重新走流程——"请款、论证、询价、申请、审核、落实"！

每一次工程突发状况十有三四，虽说烦琐，但却有益。此次"麻烦"就让我掌握了"门识"！比如，门框铝合金厚度有 0.8 厘米、1.0 厘米、1.2 厘米及 1.4 厘米等的区分，价格也据此而不同；金属门框需考虑用料硬度，也即考虑密度小、强度高、弹性模量小等因素；门框与门扇密封性考量，门扇和门套的框间隙确保在 1 毫米到 3 毫米之间（包含最大值和最小值），考虑到环境潮湿含水量的问题，最大值可升至 3.5 毫米……

*2021 年茶室升级改造——合"地利"

2021 年 10 月 13 日，星期三，走现场，偶然发现因墙面喷漆而卸下来的《茶室规章制度》《茶师行为准则》。灵机一动，学校要求制度上墙意在规范实训室管理，而实训室对制度准则的表达形式应该有它的专业特点，我们依据漫茶堂茶修三营训练主旨进行提炼，以确保茶师行为规范与茶室丰厚的古风相得益彰。由此，便有了漫茶堂的三则、三省、五律。

漫茶堂规矩三则

◉ 一则：查衣服冠履，查语言步趋 ◉

二则：当洒扫庭除，当关锁门户

◉ 三则：念物力维艰，行未雨绸缪 ◉

漫茶堂茶师三省

◉ 一省：约束本我，关注细节 ◉

二省：悦纳自我，享受美真

◉ 三省：和诚超我，友善待人 ◉

漫茶堂茶师五律

◉ 一律：专致于茶，喜悦静定 ◉

二律：手面洁净，礼敬有仪

三律：席无虚物，待用无遗

四律：言行知止，进退有度

◉ 五律：无为和合，诠释茶性 ◉

项目开展过程中，一件件、一桩桩小事不容忽视，一环扣一环，不管哪一处没落实到位，都会影响项目的验收。在大家的共同努力下，历时两个月，第一期的改造项目圆满完工。

◉ 2021年秋天，"相机而动"让茶修得以"细水长流"

2016年至2021年，六年的时间，漫茶堂获市级奖项8项、省级奖项7项、国家专利6项。天时、地利、人和不可或缺，伺机而动铢积寸累成习，才有今时成果可表。

* 漫茶堂软装糅合"双格"元素

2021 年秋茶室升级改造项目申请，它的前期调研工作足足花了五年的时间，比如，环境软装，是从新中式徽派，还是岭南明快风，抑或是吸纳糅合"双格"元素？

徽派风格特点：在形状上，讲究对称，空间立体感强；在选色上，反差很大，以黑白为主；在形式上，自然古朴，隐僻典雅。徽派艺术的"不趋时势，不赶时髦，不务时兴"，此谓之"自然"，这与茶品性不谋而合。因此漫茶堂室内墙体以灰白呈现，地面采用青石砖铺设，笃守古制，朴素淳真，从色彩品相上予人以安定、自在之感。

岭南风格特点：在形状上，千姿百态，形象万千；在选色上，清新明快、五颜六色；在形式上，主张神似（反映了一种文脉意识），不要形似（不刻板搬迁）。岭南艺术最大限度地吸收、借鉴中国古园林空间手法，使得室内景观琳琅满目，美不胜收，此谓之"明快"，这与茶器林林总总不谋而合。漫茶堂室外匾名对联使人目不暇接；室内砖红格栅吊顶，盆景绿植几架，创造出通透空间的虚灵之境。

青萝嶂下滴水岩，茶香袅袅氤氲缭绕——不矫饰，不做作，顺乎形势。

* 漫茶堂硬装延展"层高"空间

漫茶堂怎样糅合徽派建筑风格与岭南特色风格呢？

"如何糅合"？我们是在天花的启示下展开的——徽派建筑讲究对称，由一个中轴线向四周展开，使得空间立体感强；岭南特色风格，讲究明快活泼，不拘细节而又以小见大，包罗万象。故此，我们天花提炼徽派"对称"要义，以"横梁"为中轴，以色泽明快的格栅、特色造型的灯饰向四周延展布局，这样"双格"才有统一的节奏。

2016年漫茶堂初建，室内天花是铝扣板封闭形顶棚，横梁贯穿于天花中间，整体空间稍有压迫感。因此，我们的首要任务是"改善层高"，横梁高度既定，以其为中轴线，周围做镂空造型格栅。2021年9月26日，施工方拆除天花发现，吸顶空调位置固定，导致镂空的格栅天花没有"提高"的空间，如按图纸完成格栅安装，会比当前天花更突显横梁，这样整体效果会与预期落差较大……又是一记平地"惊雷"——要提高横梁两侧格栅，就得移动3台吸顶空调（提高15厘米），但工程预算并无此项开支，"拆空调，移铜管，留风口，安空调，接铜管"……都说此项工程"人和"，我们这次施工的总工程师是一位精益求精的工匠，他估计此项拆装工程需要增加两到三天的工时，如果我方工期期限可以延长五天，那么他亲自作业，就能让茶室焕然一新。

漫茶堂装修工程遇上"贵人"了!

项目紧锣密鼓地进行着,一件件物品的选样、敲定、安装,大到天花、墙面、门窗、地砖、造型灯、茶服柜、储物柜等,小到插座、门锁、洗水槽、踢脚线、门槛石等,每一个过程大家都一直努力着,2021年11月15日,项目完工验收,如期赶上了广东省第一期中小学生劳动教育项目:《岭南工夫茶》——茶仪至美,劳育养心。

* 漫茶堂货物采购"曲折"迂回

漫茶堂工程项目完工后,货物采购项目提上日程,这是一项看似简单却又很复杂的任务,茶器茶具相对比较零碎,所以采购甲乙双方需要反复沟通以确认器具的材质、样式、容量等。如茶服订购不仅要考虑衣服款式与尺码,质地还需与现有茶席、茶布、茶旗搭配,以致挑选的过程给供货方增加了难度。

供货方谈笑间跟我们说了一句话:"我们做了这么多年,第一次碰到你们这样'死磕'的老师,做你们的学生,很幸福!"这于我们而言,权当一句表扬的话,我们欣然接受,再接再厉。

整个货物采购过程,累并快乐着,2022年7月12日项目终于验收了。在我们还没来得及享受建设成果时,财务部门同事的一通电话将项目报销按下了暂停键——合同清单上第九项"定制5层木色铝合金层架柜"规格变化导致数量与单价发生变化,这一项与合同有差异,也即采购合同数量为5个,但资产入账只有3个。要么变更合同、要么调换货物,否则无法报账。

合同第九项"定制5层木色铝合金层架柜"招标后经供货商现场量尺,发现如按原采购计划的规格1.2米/个定制的话,存放器具时空间使用率会较低,造成空间浪费较多,故供货商根据现场环境建议将原"5个1.2米长的5层木色铝合金层架柜"变更为"3个2米长的5层木色铝合金层架柜",总长度及面积不变,不影响本项造价。

这突如其来的消息,本应暑假前完成支付的项目,结果因为这个问题延缓处理,而且具体处理方法还是个未知数……

装备处同事建议:"这个情况主要是基于客观原因造成的,定制类的货物根据现场量尺后确定布局合理合规，双方拟定一份合同补充协议，就本项变更原因进行说明，待法务审核后再上交，获学校党政联席会通过，再走报销流程。"好事多磨，在多部门、多同事的协助下，茶室升级改造货物类项目于2022 年 10 月 21 日完结。

2016 年到 2022 年，茶室每一次建设、改造、升级，无不需要天时、地利、人和，每一次建设，都是自我能力的梳理，都是自我能量的积累，这与学茶的初心不谋而合——日迢迢，路漫漫，我将多方以求索。

三、养静气，缓烦忧

——茶清境·茶器舒·训练营

❀ 茶清境·茶器舒·训练营——训练内容

训练营地	养静气，缓烦忧——茶器舒	训练场所	漫茶堂，50 个工位
训练形式	师徒共进—同伴互助—精技强化	训练载体	择器配具、器具匹配
内容分析			
《茶修》的美感教育是以"茶"为载体，培养学员认识和创造美的能力，通过"美"来舒缓人的心灵，滋养它的成长。"水为茶之母，器为茶之父"——"识茶器"包括茶具器质、茶具功用、茶具与茶品搭配等内容。 　　《茶修》分成"茶育行、茶精技、茶清境、茶养德、茶覃美"五修，本营选取清境营：养静气，缓烦忧（茶器舒），是茶器的美艺营地，茶器选择得当与否，直接关系到茶汤的品鉴质量，"悦泡好茶，择具而行"。			
学员学情			
知识与 技能基础	1. 掌握茶类辨识方法。 2. 明确茶类茶品习性。		
认知与 实践能力	1. 能分辨茶的六色。 2. 能鉴别基本茶形。 3. 思维跳跃，想象力丰富。		
学生特点	1. 积极主动，但抗挫能力较弱。 2. 个性突出，但集体意识较弱。 3. 好分享，轻积累；喜新奇，忧负荷。		

续表

学员学情
学员对于动手操作的学习方式，兴趣浓郁，但知识积累层面的努力就稍逊一筹了，怎样去呈现"茶器特性"？怎样根据茶品选择茶具？需要设置贴近生活常识的试验活动来进行新知识的关联与内化，所以，在学习种类繁多的茶具知识时，需要有直观的学习载体，需要通过设置能调动其合作意识的学习活动来激发学生的学习兴趣。

训练目标	
知识目标	1. 掌握 6 种茶具器质特征。 2. 了解主泡具与辅泡具功用。
能力目标	1. 能够大致根据茶品选取不同器质茶具。 2. 能够快速区分万能泡具与专属泡具功能。 3. 能够评辨各类器具相对于不同茶类的优劣性。 4. 能进行不同茶具的散搭配用，为自身茶席增色。
素质目标	1. 在"择器配具"的实践中，涵养工匠精细化品质（工匠精神）。 2. 在课前择茶与课后洁具中，不断磨炼意志（以劳育德）。 3. 在课后"器具匹配"设计中，提升学员审美能力（激发创新思维）。

训练重点和难点	
训练重点	茶与器的匹配
处理方法	1. 自主研发"茶席 AR 素材库"（一种茶器素材库及茶席设计训练方法），解决茶器茶具素材资源的制约问题，学员通过拖拽鼠标便可以进行茶具识别及茶席编排设计，茶器茶具搭配作品立竿见影； 2. 自主研发"注水图谱训练"（一种泡茶方法及茶与器配对训练方法），校、企、生联动录播，企业技师实时点评、互相圈粉。
训练难点	紫砂壶辨识
处理方法	1. 开发"茶器识别"小程序，师生、生生、行企直播互动，丰富教学手段； 2. 通过直播平台，设置贴近生活常识的试验活动来进行新知识的关联与内化。

✿茶清境·茶器舒·训练营——训练策略

设计理念

为更好地达成茶器识别与匹配目标，本营采用"四动渐进训练"理念。该训练模式以素质教育为根基，以知行统一为取向，以提高茶器匹配实效为目的，主要分为"前—策动→中—群体互动→中—个体灵动→后—行动"四个步骤，兼顾知识传授、情感交流、智慧培养和个性塑造，努力实现知行统一育人实效。

"四动渐进训练模式"以"互动＋灵动"为核心，提高落实训练目标的实效性。

1.前—策动，通过茶品选择匹配合适的器具，完成茶器匹配训练营项目，为茶师冲泡适口的茶汤提供条件。主要是围绕训练内容布置任务，通过微课学习、直播圈粉等活动驱动学员进行有效预习，为课中互动探究提供知识铺垫。

2.中—个体灵动，通过茶器的匹配，尊重每个学员的审美喜好，凸显"多元性""独特性"的特点，确保每个小组的学员都有获得知识成果的成就感，从而激发学员的求学自信心和内在动力。

3.中—群体互动，重在以学定教，通过分层设计探究问题和训练活动，创设情境引导学员独学，并提供展示的平台（直播平台、超星平台、茶席AR素材库、茶器识别小程序），充分尊重每个学员独特的个性差异，凸显"层次性""独特性"的特点，确保每个层次的学员都有获得知识成果的成就感，从而激发学员的求学自信心和内在动力。

4.后—行动，通过茶席AR素材库，完成"请君入席"的茶人形象搭配训练，巩固茶人与茶席协调统一的美育素养目标；后续日常生活着妆，进行"××魔镜"APP检测，做面相"前后"比对；后续坚持沉肩坠肘行茶月余后，通过"××大师"APP进行体态检测，做体态"前后"比对。

茶器舒训练模式的基本流程如下图所示。

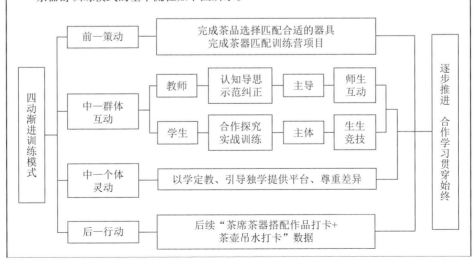

续表

"四动"紧密相连、各有侧重，形成一个环环相扣、渐进深化的有机整体，从而实现训练内容与学员体验探究的有机整合，努力构建一个充满活力、充满智慧的训练营。

训练方法与手段

1. 茶器知识"做认知"——提炼为项目的原理性教学，采用直播讲授、器质五感体验等方法。

2. 茶器匹配"做示范"——提炼为项目的操作性教学，采用任务驱动法、系统比对导引训练。

3. 茶器养护"做发展"——提炼为课外实践强化活动，采用直播教练、小程序打卡训练等。

以上信息化教学手段均有具体平台、工具承载，训练过程能迅速反馈学情，教学重点与难点的解决效果均可在学员打卡及测试数据包中提取，以便教师依时、依事、依人施教。

（1）自主研发"茶席 AR 素材库"（一种茶器素材库及茶席设计训练方法），解决茶器茶具素材资源的制约问题，学员通过拖拽鼠标便可以进行茶具识别及茶席编排设计，茶器茶席搭配作品立竿见影。

（2）开发"茶器识别"小程序（一种茶器识别程序及训练方法），教师直播讲解器具，师生、生生、行企互动，丰富教学手段。

（3）自主研发"注水图谱训练"（一种泡茶方法及茶与器配对训练方法），企业技师实时点评，互相圈粉（营前＋营中＋营后、线上＋线下，混合教学）。

训练资源

类型	数量（个）	说明
教研成果（信息化学习资源）	"茶席 AR 素材库""茶器识别"小程序、网络资源共享课	"茶器识别"小程序为本案例提供直播平台；"茶席 AR 素材库"解决了茶器资源制约问题；"注水图谱训练"小程序开展茶壶吊水训练；在线精品资源开放课程为案例提供学习过程记录
辅助软件	职业锚检测、16PF 软件	"北森人才测评"软件，为学情分析提供了科学数据报告
学习微课	微视频、微电影、PPT	器识微课（10 辑）、泡茶微课（20 辑）、茶文化微课（20 辑）
技师资源	技师库；支持企业单位	技师库（25 人）；课程支持单位（18 个）
学习资料	"十三五"规划教材、新形态（立体化）实训教材、茶馆员工手册、茶书籍等	教材资源（4 项）；PPT（25 个）；茶书籍（20 册）
试题、试卷	466 道样题；茶艺师职业技能鉴定样题 10 套	单项选择题（200 道），问答题（10 道），判断题（200 道），多项选择题（50 道），实操题（6 道）

本营提供多终端的共享资源。利用成熟的信息技术，为学员提供多终端（PC机、平板电脑以及智能手机）的学习资源，既扩大知识传播的范围，也为学员提供便捷的知识服务。

训练成效评价

1. 训练评价维度

（1）过程评价：突出训练评价的发展性，采用"多元评价＋立体化评价"方式，以评促学。

（2）评价构成：依托线上平台和软件工具评价训练前、训练中、训练后的三段数据；鼓励学员互助互评；任务参与、个人作品、小组PK、卫生清洁等。

（3）增设"企业技师"评价：使用行企联动平台进行作品打卡、技术打卡，圈粉企业技师，拓宽职业路径，深化行企合作。具体评价维度及指标如下表所示：

评价维度	权值占比（%）
系统记录	20
营地教练	50
同伴评价	30

评价维度	指标细化占比（%）
前—策动	15
中—个体灵动	25
中—群体互动	25
后—行动	35

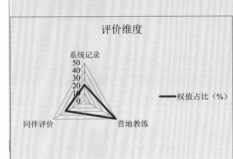

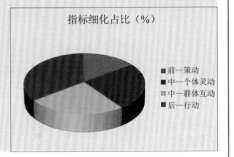

2. 训练评价系统创新

本营团队自主研发"茶席AR素材库"对学员茶师茶席匹配训练进行过程性记录（前＋中＋后），自主研发"茶器识别"小程序对学员开展器识训练进行过程性记录（营后），并通过行企联动平台，教师直播"茶器识别"、学员打卡"茶器茶席"作品，圈粉企业技师。两个信息化系统提炼评价数据包，一个互动平台检验学员学习成果，让训练营学习评价有据可依。

续表

四动训练营评价明细表（系统）			
四动训练	训练目标	评价数据路径	技能技术评价
训练前—任务策动	了解茶具器质区别	茶器识别直播互动数据	训练小程序导出学习数据包，统计学员自主学习频率及成绩（系统数据提取、互评）
	能够大致根据茶品选取不同器质茶具	茶席 AR 素材库浏览数据	
	能够区分万能泡具与专属泡具	超星茶器小知识检测	
训练中—集体互动	能够评辨各类器具相对于不同茶类的优劣性	实物"五感"认知	茶席 AR 素材库作品打分，形成过程性评价数据（系统数据提取、教师点评、同伴互评、自评表单）
训练中—个体灵动	能通过不同茶具的散搭使用，扬长避短，为自身茶席增色	茶与具分类拼配	
		茶席 AR：茶器茶席匹配	
训练后—行动任务	涵养茶师敬人合仪的人文礼仪素养与学养风范	"茶席茶器搭配作品打卡+茶壶吊水打卡"数据	行企联动平台提取学习数据包，获取企、生、师互动数据（技师点评）
		技师点评数据维度	

❈茶清境·茶器舒·训练营——训练安排

训前预习
（使用自主研发的"茶席 AR 素材库""茶器识别"小程序等平台开展）

训练环节与内容		师—活动	徒—活动	设计意图
1	发布训练通知	在线平台发布课程任务	在线平台熟悉任务	明确训练指南
2	教师茶器识别直播	登录行企"茶器识别"小程序，开展"茶器识别"直播教学；与学员、与企业技师直播互动	通过教师提供的直播路径，观看直播，与教师、与企业技师互动	引起学员关注与兴趣了解茶器质特征掌握茶具器质要领

续表

训练环节与内容		师—活动	徒—活动	设计意图
3	训练素材器具准备	检查"茶席AR素材库",确保素材库"用具"达标(50套茶具+辅泡具若干;6大茶类12款茶品)	登录"茶席AR素材库",完成教师布置茶席选器择具任务	为训练准备材料用具,初步掌握茶席要素,了解学员茶器基础学情

训中内化
(使用自主研发的"茶席AR素材库"解决茶器等资源制约问题)

训练环节与内容		师—活动	徒—活动	设计意图
1	任务发放	发放训练任务单,自评及评价表、发辅助材料	接受任务,检查材料	明确训练目标与内容
2	讲授+体验	茶具特性、功用讲授	茶具五感体验	能分辨茶器质感
3	示范+训练	教师"茶品与茶器"匹配示范(茶席AR素材库)	茶席素材库"茶席茶器"搭配训练	能结合茶性匹配茶具
4	检查+PK	检查每组学员茶具互搭情况	6人一组,汇总6套随机茶具、选择茶品,在限定时间内进行组席布具,在"茶器识别"打卡茶器作品	检验学员茶器搭配掌握程度,及时纠偏

训后提升
(使用自主研发的"注水图谱训练"小程序打卡)

训练环节与内容	师—活动	徒—活动	设计意图
小程序"打卡+训练"	登录"注水图谱训练"小程序,师徒互动,行企互动	登录"注水图谱训练"小程序开展"茶壶吊水"训练打卡,怡养器具茶宠,企业技师点评	通过"吊水"训练,巩固茶壶器质,熟悉茶壶结构,同时,承上启下,为茶品鉴打基础

✪茶清境·茶器舒·训练营——模式反思

不足	1. 茶器茶席成千上万种，实训过程需要大量的茶具茶器等低值易耗品。通过16年的课程建设，茶器的实物积累虽然丰富但还是不完全足够。 2. 了解茶具功用，掌握茶具与茶品搭配等内容需要长时间的沉淀和反复琢磨，加上本课程操作性强，学员互动需要"手把手"调整，仅靠课堂学习难以达成学习目标。
改进设想	1. 继续完善"茶席AR素材库"，解决茶器资源制约问题 继续完善素材库素材建设，坚持训练前、训练中、训练后"三步一脉"连贯推进的授课方式，丰富训练前茶具辨识微课视频及优秀茶技师的茶具鉴赏视频、强化训练中学员进行茶具与茶品配对实操，增设训练后学员茶器PK怡养成果，三个步骤分别从看、练、护三个层面多次强化，循序渐进地引导学员认知茶器，掌握茶具与茶品搭配技巧，不断提升对茶席茶具的审美能力。 2. 不断拓展延伸，涵养茶人情怀 一杯茶汤的管理，由形而下之器、形而中之艺、形而上之道，共融而成，相辅相依。因而，茶器识别课程不仅要引导学员学会辨识茶器，掌握茶具与茶品的搭配技巧，更要引导学员培养茶人情怀，积淀对茶、对茶器的感情。 基于以上思考，本训练营的后续行动任务分为两部分，一是以小组为单位，利用课后时间开展茶具的搭配摆拍活动，通过共学巩固课堂所学知识。二是以个人名义领用一把茶壶进行养护，期末回收，PK怡养成果，通过独学、把玩提升审美意趣，在持久的付出中厚植对茶器的感情。

承接先贤智慧

"恭、宽、信、敏、惠。恭则不侮，宽则得众，信则人任焉，敏则有功，惠则足以使人。"

——孔子

独创"格物致知"路径

16PF 量表物我相应、房树人 HIP 打开心扉、缠绕曼陀罗专注缓压。

灵机孵化助力

"一份指引" + "一把密钥" + "两条路径" 让我们 "茶养德——视其所以，察其所安" 有了载体，有了方法，有了成效。

第四章

茶养德——茶师·三我平衡

《茶·修》陈洁丹

一、习茶日迢迢，修行路漫漫
——内视反听、三我平衡

> 茶修的宗旨是借茶修为，以茶养德。
>
> 在日常生活中，之于个人而言，茶修是一种自我的修养和实在的修行；之于团队而言，茶修是一种通道的建立和氛围的导向；之于时代而言，茶修则是一种精神的滋养及文化的表达。
>
> ——王琼《泡好一壶中国茶》

一天，一位学员来电话，讲述了自己在店里（专营临沧古树茶的茶馆）的尴尬："老师，现在是我入职培训期，今天老板娘拿来了一款勐库磨烈，让我泡出它的甘甜与糯感，我用低斟缓流的方法行茶，老板娘点了点头；但是，老板喝了，很严厉地批评了我，说没有泡出这款茶的滋味，它是古树茶，它的霸气、它的张力在我的盖碗中荡然无存！老师，怎么办？我每次都好害怕老板与老板娘对茶风味喜好的"矛盾"。我们老板，就连红茶，也用焖壶闷泡大半天，既而满杯饮尽，我很讶异，我试喝，然后如我所想，敛酸无比，难以下咽……"

学员有如此困惑，是我的失职。这些年来，漫茶堂的学员按照我们的五谱注水要义，沏茶分汤、办会办展，自此，我才明朗了，"传道授业"，我仅仅履行了"授业"，而"传道"却是这些年缺失了的。

茶的百味，于人不同，您觉得苦的，到我这是甜的；您觉得涩的，到她那却是甘的；您觉得厚重，我觉得轻盈；您觉得压舌，他觉得单薄了些……每个人都是独一无二的，虽然，评茶教会大家识别酸、甜、苦、涩、鲜，但每个人的风味库都有自己的判别标准，正如潮汕老茶客喝不了苏杭一带的绿茶，苏杭的茶客却不解潮汕工夫茶里的浓酽客情，同味而又不同"味"，各式各样的茶客数不胜数。

尽管评茶训练中，有特别强调训练自己的"风味库"，味道因人而异，但忘了与学员强调——换位思考，茶师需要通过各式各样的，或明示或暗示、或表情或言语，诸如此类的言行举止去判断对方茶友的喜好，采用不同的行茶方法，这就是在处理我们自己与他人的关系，就是在处理人与茶的关系。茶很是奇妙，茶有很多面，或酸、或甜、或苦、或甘、或鲜，所以我给这位学员分享了我的想法：

老板喜好生普的霸气与张力，可见一斑——他应该喜好茶原始的味道，当然，他是阳刚之躯，他也扛得住生普的猛烈。

老板娘喜好生普甘甜与糯感，一叶知秋——她应该喜好茶驯服的味道，且女性柔肠白转，体感不一定扛得住生普的刚烈。

为老板沏茶，使用铁壶煮水，用中心悬壶高冲，或使用切线定点旋冲，全开面力道注水，适当延长坐杯时间，那么生普原有的苦涩化为甘甜的韵味就出来了！

为老板娘沏茶，使用银壶煮水，用定点低斟，或环注低斟，中水流力道注水，即冲即出，那么生普的甘甜与绵柔度也就有了。

如果老板与老板娘一起喝茶，作为事茶人，我们试试这样做：

行茶不借用公道杯匀汤，采用直接分汤入杯的方法，通过"关公巡城，韩信点兵"的方法，但不是调出汤质一致的汤感，而是要有浓淡之分，出汤顺序依次为"老板娘—'我'—老板"（见下页图），快速出汤，确保老板娘私杯先分得茶汤，后保压舌浓厚的精华落入老板私杯，这个貌似违背茶汤均分的原则，实质是遵循人与茶的关联，关照座上茶客的喜好，辨喜分汤，这是依人行茶的要义，一款茶不同泡法，能适应大多茶客，这是茶师的修为，而不是拘泥于冲泡规则。

行茶尽事，真实地表达一杯茶汤，需要关照人与人的联系，理顺人与茶的链接，选择合适的行茶方法，这就是司茶人的修为。

　　每一位学员的困惑，都是我们茶修的延展，我们都视若珍宝，借由此机，我们漫茶堂有了以茶修德、借茶修身的 3 则基本规范：

> ❂ 一则：俭——约束本我，关注细节 ❂
> 　　二则：真——悦纳自我，享受美真
> ❂ 三则：善——和诚超我，友善待人 ❂

　　20 多年前，大学心理学课堂上，老师给我们讲了关于"我"的观点——奥地利心理学家、精神分析学派创始人弗洛伊德提出了潜意识领域，弗洛伊德指出人格由本我、自我、超我组成："本我"是人格结构的基础，是原始的无意识的本能，以寻求原始动机的满足为原则即快乐原则；"自我"是在"本我"的冲动与现实条件的冲突中发展而来的，会控制和压抑"本我"的需要，他的基本任务受现实原则支配，协调"本我"的非理性需要与现实之间的关系；"超我"包括良知和自我理想，是后天习得的社会道德态度，受道德原则支配，总是阻止或延迟"本我"得到满足。

　　那时，对弗洛伊德提到的三个"我"似懂非懂，只知道人与自己的关系都需要平衡，就更不用说人与他人的关系了。而今才明白处理好自己的状态，安顿好自己的内在，那是至关紧要的事。

　　2004 年，我大学毕业就在高校工作，幸运的是，潮汕人好喝茶的标签，让我有机会参与系部茶室建设的工作，2007 年我从洗杯子开始（大概 2 年），到做小助教（大概 3 年），再到战战兢兢的选修课老师（大概 3 年），历时 8 年；2016 年，我站上了行业职业技能竞赛的擂台，侥幸获得技术能手的称号，这是我的高光时刻，让我有信心也有勇气在三尺讲台上分享我的茶识与茶见。

想来，这 8 年就是我与自己的较量与评估，我很享受讲台的自由与潇洒，那是"本我的快乐"；我很害怕自己才疏学浅控不住讲堂，那是"自我的现实"；我很憧憬待我学成归来做到信手拈来，那是"超我的原则"。一场赛事给了我最大助力，让我的"三我"平衡了。我想，这也许就是职业教育要积极参赛（不管学生还是老师）的原因吧。

✪俭——约束本我，关注细节

2007 年，我是高校系部的一名教务秘书，我主要负责老师们与教学相关的一切琐碎事宜。所幸，因酒店管理专业负责老师的肯定，我有了在茶室打打下手的机会，我与实训室管理员老师一起洗杯子，一起欢天喜地地旁听着茶课。因为能喝，我可以陪着 3 个班的学生 72 杯茶汤下肚（一天的量），2 年不到，我体检报告出现了贫血的诊断。后来才知道是缺铁性贫血，而这个与没有节制的茶饮习惯有关，这是"约束本我"的开始！茶能养身，也能伤身，"度"要把好。

2010 年，我已经成功转岗成为专任教师，机缘巧合，系部推荐我面向全校开一次公开课，我选了《茶艺与茶文化》，我还记得那次公开课的学员全班

只有 17 人，而来观摩的却有 18 位同行。当时的自己是初生牛犊不怕虎，满怀激情，尽情地享受着台上的高光时刻，滔滔不绝、绘声绘色地讲完了两堂课。课后，有同事给我比画了大拇指，有同事给我比画了小爱心，满满的成就感。但至今让我记忆犹新的是一位老教授的评价，他甚至有点气愤地质疑我："茶课应该是娓娓道来，而不应口若悬河；茶课应该是慢条斯理，而不应激情澎湃！"在所有人投以赞许的目光的同时，也受到了如此严厉的批评，我很讶异、很委屈，问题出在哪里？这一心结一直持续了 4 年多。

2016 年，有幸听了一场朱自励老师的茶课，我才理解茶课为什么不能激情昂扬。温文尔雅的朱老师，不紧不慢的语速、轻柔和善的举止、谦恭内敛的气象让我一下子顿悟了！这是约束本我的要义！茶养德，行有轨，"尺"要量好。

2012 年，热情洋溢的我　　　　　　　2016 年，安定自在的我

☯ 真——悦纳自我，享受美真

2004 年至 2010 年，我秘书生涯走过了 6 个年头，6 年中我听了很多很多同事的课，每天业余时间都会好好装束一番，对着镜子训练我的台风，调整我的表情，养鱼看鱼、抬头追鸟……都是我训练眼神的方法。我努力争取到了双肩挑的身份（校内行政人员兼职代课教师），从走进高校校门，我无时

无刻不在期盼能成为一名专任教师。我职业生涯的第一任领导告诉我好好努力，我的愿望就能成真，后来领导高升了，我记住了他的叮嘱——安心眼下！我的第二任领导告诉我，方向比努力更重要，后来领导也高升了，我记住了他的叮嘱——谨思慎行！我的第三任领导告诉我，不是人人都能站得稳讲台，我记住了他的激励——在高校，不管你的学力如何，先提高自己的学历！

　　我用了 6 年的时间追寻我的梦想，我安心眼下、谨思慎行、提升自己。终于，我等来了 2010 年的秋天，我如愿以偿地转岗为一名专任教师。6 年烦琐而充实的秘书生涯，让我学会了低头做人、抬头做事，让我多了一份勇敢与韧性。还记得一位领导跟我提了要求："只要有同事走进你的办公室，来得及你就起身问候，来不及你就点头微笑！这是你一定要做到的，不要问我为什么，因为你是服务型岗位，你要让每位同事都看到你做事的真诚！"一开始，可能是自己的自尊心作祟，对这个话多少有点抵触，但领导有明确的工作要求，而且工作要素如此明朗，我还是遵循着做了，做着做着，有时跟一位同事正说着话呢，另一位同事敲门，身体都会下意识地起身招呼。现在才明白这一份力量，这一洋溢在脸上的微笑一直伴随着我，无论聊天还是谈事，甚至少有的争执，我都遵循着这份低头做人的叮嘱。这是不是"自我"与"本我"的较劲，通过强制性的动作强化形成了习惯，也就内化了你的气象。日复一日、周而复始地重复着一个动作，它平衡了我的"本我"与"自我"，让我言行一致。领导英明，在了解我个性的前提下，给我指了一条修身的明径，推动我不断修复自己的棱角，磨平自己的心性。

　　这是一份美真，一份行为带来的美真，也让我想起了鲁迅的《故乡》："世界上本没有路，走的人多了，也便成了路。"所以，当心里还不平时，需要借助外力来规范行为，慢慢地我们也都会归于平静、归于安定。

　　遵循师长的建议，这是接纳自己的开始，当心理还未能厘清时，就先改变行为，做着做着就厘清了，明白了，这种水到渠成，能否定义为悦纳了呢！我是这样理解的。

　　2016 年，学院举办了一次旅游管理专业带头人的国培项目，学院给我安排了半天的课，也就是 3 小时，主讲《茶品鉴》。或许因为技术不够硬，因为心里不踏实，我战战兢兢地准备了一个月，茶席摆置、茶品准备、授课课件、授课方案，身着打扮、语速语调……

　　还记得当时一位同事姐姐问我，为什么这么焦虑？我把自己忐忑的理由与她分享了——这些学员都是各大高职院校的老师，她们在实操课程方面轻车熟路，我担心这些学员中就有茶艺教师，我担心班门弄斧，我担心给学院丢脸，我甚至为了让自己看起来更专业些，买了 5 套旗袍，就为了跟还没有确定的品鉴茶席搭配。这位同事姐姐告诉我，她从来不考虑这些，因为在台上，她就是主导。

　　一句"谁在台上，谁主导"的话语，铿锵有力，我眼中的她，如此志得意满，如此安心定志，让我佩服得五体投地。也因此，我给自己贴了"不自信"的标签，我讨厌自己瞻前思后、行思坐想的习惯了。为此，就如何找回自信，我专门找了心理疏导师菲菲老师……菲菲老师带我完成了一次与父亲的告别仪式。我的父亲在我毕业那年，积劳成疾，离开了我们。我在家里排行老二，因为体格弱，从小就是最受疼爱的孩子。父母只要我快乐成长就好了，学习累了就带我看喜欢的展览，课业多了就跟老师打招呼不做……父母就这样把我捧在手心里，宠溺我、娇纵我，我饭来张口，衣来伸手，过了 20 年的快乐日子，而父亲走了，带着还未看到我成家立业的遗憾走了。在菲菲老师带着我与父亲的告别仪式中，我跟父亲说了："爸爸，你一直操心的小女儿，现在是技术能手了，我有稳定的工作，妈妈、姐姐、弟弟都不用担心我了，爸爸，我过得很好，我多么渴望您能来听听我的课，然后就像小时候逢人就表扬我写字一样，也告诉爷爷奶奶！爸爸，您放心"！

　　一次告别仪式，让我明白了我的状态，不是不自信，而是不自知。我看不到自己的好，看不到自己的成长；而今，我看到了我做到的，我看到了我对自己的肯定。

　　之后，那次国培《茶品鉴》培训项目获得了同行的赞许，我不再纠结于台下是否有同行，不再害怕自己授课是否得体，但我还是会为每一次课好好布展茶席、好好制作课件、好好了解学情。

　　看到自己是一份美真，悦纳自己是一份成长。

⊗善——和诚超我，友善诗人

2010年，我们专业面向全校开设全院选修课《茶文化与茶健康》，共12学时，主要内容有茶起源（2学时）、茶成分（2学时）、茶保健（2学时）、科学饮茶（2学时）、茶艺茶程（4学时），那一期一共开了6个班，班班满员，我学习了浙江大学王岳飞教授的《茶健康》课，也结合了我们学员的学情，做了思考与调整。

90后，是在中西方文化碰撞中成长的一代，是伴随着视觉影像成长的一代，"茶健康"用什么方法走进学员们的生活，我需要一些较为特别的呈现。比如茶成分，要向学员呈现茶的抗氧化保健功能，除了阐述"茶多酚可以抵消或防止体内氧自由基引起的氧化应激"，还需阐述"新陈代谢细胞产生的氧自由基如果超出了细胞本身的处理能力，就会造成氧化应激，可能对细胞或细胞中的DNA造成损害"，来自"Green tea catechins promote oxidative stress"的观点认为儿茶素的作用有点类似于接种疫苗让免疫系统增强防御能力，只不过儿茶素的表现方式不是通过免疫系统，而是通过激活某些基因，让这些基因产生超氧化物歧化酶、过氧化氢酶的活性。这些内源性的抗氧化剂可以帮助动物增加氧化应激抵抗力。普及以上理论知识，10分钟以内，我就可以讲完，但学员对理论的阐述印象不深刻，因此我们要挖掘能让人过目不忘的传递方式。

一次体检抽血，护士姐姐的消毒用品碘伏，激发了我的想法：碘伏是强氧化剂，碰到绿茶茶汤（六大类茶中绿茶儿茶素最丰富），会是怎样的效果呢？于是，我做了实验，它给我们带来了很震撼的视觉效果。当看到学生们惊讶的表情，茶健康的科普成效也就很明显了。以下是我们的做法：

实验材料：碘伏 1 瓶、白开水 1 杯（150mL）、绿茶 1 杯（150mL）、纸巾若干；

实验步骤：取碘伏 5 毫升，倒进白开水中，瞬间白开水染成了深棕色，将纸巾放进杯内，也成功染色；倒进绿茶茶汤中，茶汤净化了碘伏的颜色，再将纸巾放入其中，纸巾依然是素白色；

实验结论：绿茶能增加氧化应激净化力。

这么多年，很多时候一天 6 节茶课，站下来，讲下来，喝下来，身体是吃不消的，有时候逃不掉"本我"的刚需，"本我"会如此思考：——10 分钟的理论知识点，还要准备那么多花里胡哨的器材，就为了呈现 10 分钟的理论，上课前需要准备，下课后要清洁，烦琐又费力，还不如就直接讲 10 分钟！而"超我"告诉我，自我理想是站得稳讲台，你有能力让学员更能记住你的知识点，烦琐些又何妨呢？这就是我的"超我"在阻止延迟我的"本我"满足，它让我秉持人民教师的信条，和诚超我。

2018 年，我们尝试开设美育课程《茶美艺》，茶美器熏陶讲授，学员的一个疑问，让我生发了美育思政的尝试。

学员：老师，您刚刚教我们怎么用盖碗，怎么用紫砂壶，还有银壶沏茶的注意事项，那用它们泡茶有什么区别吗？

茶美器熏陶，我们拿出了家里所有的茶器家当，也从各位茶友处借得好器若干，目的是向学员分享四大名陶、五大名窑、六大煮壶的特点，期待学员上手摩挲，感受它们各自的美好：比如金丝铁线、油润细腻的哥窑；星光璀璨、群山叠翠的钧窑；莹润似碧、乾坤之气的官窑；滋润柔和、纯净如玉的汝窑；宛若霜雪、篦划俊俏的定窑……但未曾想到在美器晃眼的课堂上，学员有茶器横向比对的诉求。

为解决这位学员的疑惑，我们在《茶·修》第二课堂开展了一次实验活动："同款茶（普洱熟茶）、同种沏法（定点低斟）、不同材质的主泡器（紫砂壶、盖碗、银壶）"呈现的风味区别，学员盲评，为三款茶汤打分。

2018 年 12 月 13 日　星期四　多云　茶实验

实验材料：陈年普洱熟茶 3 份（每份 6.5g）、紫砂壶（150mL）、白瓷盖碗（150mL）、银壶（150mL）茶则 3 套、编号公道杯 3 个、白泥陶壶（500mL）、纯银煮壶（500mL）、随手泡（500mL）

实验步骤：紫砂壶搭配白泥陶壶、白瓷盖碗搭配不锈钢随手泡、银壶搭配纯银煮壶，按照同样的投茶量，采用定点低斟沏泡方法，即冲即出，三种主泡具出汤，盲评，打分。

——摘自漫茶堂茶修笔记

最终大家给三款主泡具出汤的汤感打分结果为：第一名为银壶、第二名为白瓷盖碗、第三名为紫砂壶。

茶具器性、美育思政，我是这样与学员分享的：

> 紫砂的"拿尔三分香予尔七分味"——陶器礼尚往来。
> 白瓷的"不索不取还尔真味"——瓷器不取香不添味。
> 银器的"成尔若绢水不匀半缕香"——银器不索茶香成就茶味。
> 茶器育品行——成就他人（银质），和衷共济（紫砂）！
> 如果暂时不得天时、不得地利、不得人和，也能做到"己所不欲，勿施于人"（白瓷）！

银壶益处颇多。银是天然的强效抗生素，其能够灭杀多达 650 余种的细菌与病毒，普通的抗生素仅能杀死 6 种左右的病原体。在所有的金属当中，银的杀菌能力堪称最为强劲卓越。在使用银壶开展茶汤品鉴时，银器通过释放银离子，从而有效地除去水中的杂质与异味，同时还能灭菌，故而使得水质愈发柔软薄爽起来。银是金属材质，内壁极为平滑，不会藏匿茶香，也正因如此，用银壶来泡茶，茶汤宛如绢丝般细腻均匀，缕缕清香悠悠弥散。银器——成汤若绢水，不匀茶品半缕香。

盖碗质地紧密，泡茶不吸味串味，能泡出茶汤本味。瓷质盖碗凭借着"托—碗—盖"独特魅力，被赞誉为"万能泡"，仅一个盖碗便能在大千茶天下畅行无阻：碗盖分离的精妙设计，茶师能灵活掌握开口大小，从而恰到好处地控制出汤的速度；盖碗口径大有利于茶师看茶行茶，同时投茶抑或倒茶都显得极为便捷，让茶具清洗起来亦是简单易行。瓷质是经过高温精心烧制而成，其内壁平滑无比，茶香不会附着其上，完美地还原出茶最为本真的味道——瓷器，不取一丝香，不增丝毫味。

紫砂壶嘴径小巧且盖合严实，内壁相对较为粗糙，这般设计恰恰能够卓有成效地防止"馥郁香气"过早地散失飘散。紫砂壶，内壁粗糙，能吸附茶香，历经长久岁月的怡养，内壁会挂上一层棕红色茶锈，使用的时间越久，茶锈便会愈发多地积存在内壁之上，故而在冲泡茶叶之后，茶汤愈发醇厚馥郁。"水过砂则甜"，紫砂壶有着极为丰富且呈回旋状的双向循环气孔，正因如此，方能有效地延缓茶汤的霉败变馊——紫砂器，取茶三分香，予茶七分水。

我们再来说说，当天选用的是宫廷普洱，其茶香相较于乌龙茶而言稍显不足，但其滋味却纯粹浓厚且甘甜醇美。以紫砂壶来进行冲泡，由于紫砂壶具备吸附特性，故而吸附了宫廷普洱原本所具有的颇为有限的茶香，如此一来反倒还不及瓷质盖碗，原汁原味还原普洱的真味。宫廷普洱采用堆渥发酵工艺制作而成，银壶之中银离子的释放不仅除去了熟普所具有的堆味，与此同时还使得水质变得更为柔软，进而让那浓醇的茶汤之中增添了几丝甜美的韵味。

不是越好越贵的茶器就能泡好茶，"好茶需好器，好器成茶质"的"好"字是"恰当、和谐"的意思，是遵循茶性与器质的平衡。这有如"茶修伙伴，三人行，有我师"的共勉和学习，谦诚不彰自我能力，而是用自我价值支持同伴的愿力，友善互推互进，共修中实现彼此的成长。因此，漫茶堂三我修身平衡按自己力所能及分三级目标：一是"己所不欲，勿施于人"；二是"和衷共济"；三是"成就他人"。这就是格物致知蕴含慎独以修身吧。

二、发传递愿力，呈茶修路径

——外化于行、关照包容

> 从一杯物质的茶中，明白茶与人、茶与器、人与人的合宜链接，假借媒介，悦纳自己（喜、怒、哀、惧）；抚顺他人（亲、疏、远、近），体己及人。

生命即关系，独立即自由！

我在茶柜上为您选择一款合适您口感、合适您体质、合适您喜好的茶，那是我明白了生命即关系，如果没有了你、我、他，如果抛弃对人们的定语或是称呼，我们又是谁呢？

我在茶桌上为您布展一方使您平静、喜悦或舒畅茶席，那是我明白了独立即自由，如果事事飞蓬随风，那么以己悲、以物喜又有何妨？

茶——作为人与人之间关系的助缘，无论来者是你，是我，抑或是他！它如同一条无形的纽带，将彼此紧密相连，无论身份高低、地位贵贱，皆能以茶为媒，营造出一种和谐、融洽的氛围。

◉ 2012 年夏天，"16PF 量表"是茶修物我相应的"指引"

2012 年夏天，我们系部人力资源管理专业人才测评课程引进了北森人力资源测评软件，涵盖能力、动力、性格三大部分。

还记得 2004 年暑假，我参加了华南师范大学高校教师资格培训，我特别喜欢那次培训中的《教育心理学》，分析学情是教师站好讲台的要领。那时，我刚毕业，我与学员是同年代的，我跟学员没有代沟，我要么可以从我的角度去分析她们的情况，要么直接与学员成了朋友，都可以让我轻松地了解学情。但随着年岁渐长，8 年过去了，我与学员年龄差逐渐加大，我迫切需要一个媒介，一个可以了解学员的法子。2012 年，这个人力资源测评软件，恰好满足我的需求。我把它带到了我们的《茶·修》课堂，只要学员想了解自己的工作能力（思维策略力、沟通表达力、逻辑分析力），或是自己的工作态度（人际交往力、成功愿望力、挫折承受力），或是自己的性格特点（行为方式、关注方向、决策方式、情绪稳定性），或是自己的职业兴趣（社会交往、艺术兴趣、技术科研、实际操作），通过软件测试，均可拿到科学的测试报告。学生拿着沉甸甸的报告，满脸欢喜，每个人都期望能了解自我，这应该是我们《茶·修》与众不同的地方吧！

在茶修营，它不仅仅有这个作用，每位学员进营时都会做一份自己的"16PF 量表"，这份量表可以辅助我们举办各类活动，比如茶品鉴会小组安排，茶艺竞技承压掌握，茶修正己效果测试，等等。

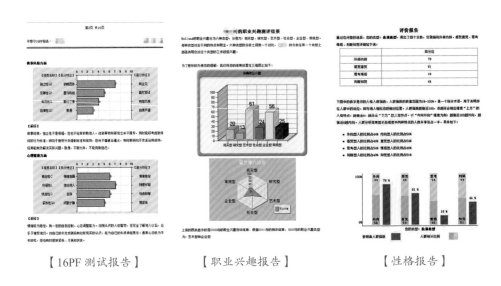

【16PF 测试报告】　　　　【职业兴趣报告】　　　　【性格报告】

物我相应，正己修身。"精准把握学员学情"犹如权威的指挥棒，它总能够让我们茶修活动中事半功倍。

◉ 2013 年秋天，"房树人绘画"是茶修打开心扉的"密钥"

2010 年，我担任 1 个班的班级导师，全班 48 人。班级导师除了负责学生的学分修读，时不时学生会找我，或分享、或求助、或哭诉……经过 3 年的相处，了解到大半学生的原生家庭，也才明朗了很多事件的背后逻辑。原生家庭各式各样，有完美主义、有过度高压、有过度溺爱、有过度保护、有过度惩罚、有忽略、有拒绝……

2013 年某天，与做心理咨询的惠子喝茶聊天，聊得正欢，惠子收到了一个微信电话，电话是请求惠子帮她分析下她孩子的情况，因为我不认识来寻者，惠子不避嫌地全屏查看来询者发来的一份绘画。惠子一脸严肃地跟我说："给我一小时的时间，谢谢。"我欣然答应，我静静地负责为惠子的杯里续茶，也旁听了惠子与来询者的对话，来寻者一声声"对，对，对……"激发了我强烈的学习愿望。于是，我跟惠子询问了这个神奇的方法——房树人绘画心理测试，是依据特定标准，对这些图画予以分析、阐释、评定，借此了解被测验者的心理现象，以期判定其心理活动（正常与否）的相关问题，旨在为临床心理领域的诊断与治疗提供服务。

我如获至宝般扯着惠子的衣袖，求着拜师学艺。我跟惠子说了我现在与学生相处碰到的问题——可能是年龄愈发显现于脸上了，与学生的关系愈发生分了，比如，学生跷二郎腿泡茶，女生宿舍关系紧张……这个学成之后，兴许可以成为我处理师生、生生关系的钥匙。

打那天开始，我买书学、跟惠子学、报班学，我找了许多关系很铁的学员朋友，在取得她们同意的情况下，我试着去解读她们的"房树人"，历时3年，功夫不负有心人，大量的个案让我时不时地恍然大悟。

征得学员的同意，为大家呈现一名学员2年来的变化：

2016年某天傍晚，一位茶修学员约谈，一见面，她便开门见山地说："老师，今天我们喝茶的时候，您给我们布置的画一幅'房树人'图，说有空可以跟我们聊聊我们自己。老师，现在您能否跟我谈谈'我'吗？"

就此，我们以学员的这一份"房树人"绘画打开了话匣子，我试图解读她的心理状态——画面线条笔触细碎，显示出笔者似乎优柔寡断的性格；"温馨就好——小家"的标识，传递了她对温馨家庭的向往；树冠茂盛但却无根，时不时会有"心有余而力不足"的困扰；人在屋里门窗紧闭，需要有成就的

事件带着她走出屋外，走出与外界的隔阂……

学生讲述了自己做过的一件至今父母都不知道的事情——割腕，也给我看了手腕上的瘢痕。这是一次让我很难受的谈话，她皮肤白皙、眼睛明朗，一个干净甜美的女孩子，白天少言寡语，此刻如此勇敢滔滔不绝地向我揭开了自己的伤疤……聊天中，我没有像专业咨询师一般把问题留给她自己解答，我更像是她妈妈般跟她讲了我自己的故事，一个成长背景与她截然相反的故事。讲完，我跟她说了一小段话："看着你的手，你知道它们适合干什么吗？刚刚你让我看手腕，我却看到了你的手掌，你记不记得我握着你的手，说了什么？我说了心活手软，你适合做茶师！来吧，来我茶室，我喜欢你的安静与灵敏"！

学员没有出声，只是频繁地点头。

后来，只要她没课，我们总能在漫茶堂看到她的身影，她帮我打理漫茶堂的卫生，帮我盘点茶课物料，帮我做茶修营的茶会推文……毕业后，她从茶水师做起，短短2年，她就做到了店长兼集团茶艺培训师的位置。我相信罗森塔尔效应，相信期待、暗示这一神奇的魔力，人只要相信，就有力量做得好！

过后，我跟惠子说了这个过程，受到惠子的万般鼓励，她说我有灵性，我有做咨询师的潜力。做不做咨询师这是后话，而作为老师，我有保护的欲望，犹如母鸡护小鸡一般，不关乎自己能力大小，我只给予足够的鼓励与爱护。

这位学员在茶修营的变化，更让我坚信"房树人绘画"能让我更快了解学员，成为我们开展《茶·修》的一把密钥，通过它，我与学员相知相惜，从陌生到熟识，从有戒备心到无话不谈，它能让我们生发出分享关怀、分享期待的爱，它能让我们《茶·修》沟通无障碍，帮助我更轻松地了解我的学员，更有信心站稳这个讲台。

❂ 2015年春天，"缠绕曼陀罗"是茶修平静专注的"路径"

初次接触缠绕画，是缘于一次教师面试。2015年，很荣幸作为一所职中学校的面试官，亲身体会了茶艺教师的遴选过程。

3 位应试人是经历了层层筛选，才走到了最后一个环节——面试。面试分为说课（事先准备）、试讲（现场抽题）、布席（临场发挥）。在布席环节，特别有意思，应试人要在给出的有限茶器、挂件、摆件、茶品中去做设计、做主题构思（限时 20 分钟），难度之大可想而知。

其中一位应试人，在布席环节不慎敲坏了一个圆形杯垫，按照面试规则，她已经离开了择物区，不能折返，如此规则或许是在考验应试人的修为吧！只见她脸上的讶异稍纵即逝，她将贴于左胸前的圆形标签揭下，用布展台上的水笔，快速在标签序号的外围绘制了圆形图案，一层层圆形图案叠加，进而一层层波浪叠围，最后以粉饰的笔触为图案灵机点染，将其作为杯垫，置于首杯之下，茶席名字为——缺·满。

很有灵气的茶席，不出所料，综合评分，她成功地拿到了这一份工作。后来，工作往来，才知道她特别喜好"曼陀罗"，而当天现场没有颜料，也没有足够的时间，她只有水性笔，所以她使用了"缠绕"，也就出现了刚刚描绘的一幕。与她谈话，你会发现她轻松自在、平静专注、表达清晰。这又激起我的教育灵机——每一个人的兴趣与特长兴许会陪伴自己走过重要的时刻，我买书、我报班，我尝试了缠绕、尝试了曼陀罗。

首先，先与大家分享缠绕茶修的美妙！

"缠绕"用具是一支水性笔、一张纸，随时随地尽情于纸上缠绕——或点、或线、或任何图形的重复叠加，就会自然而然地呈现出图案。当我们在重复绘制某种图形时，我们可以专注于每一个笔画，收心或许就是在这样的意识状态下，让心智、直觉和经历都能迅速、精确且不费吹灰之力地共同运转。放松心情，平心静气也就水到渠成了。

使用工具：一只水性笔、一张纸

环境氛围：在绘画之前，准备一段自己喜欢的音乐，让自己进入到一种安静、放松的状态。

操作步骤：首先，调心境（专注呼吸，慢慢调整心境，让自己身心都慢慢地沉静下来）；其次定中心（在纸上选定一个地方，或点、或线、或任何图形确定下来）；再次，绘线条（由中心点逐渐向外缠绕，遵从自己的直觉，线条任意盘曲环绕）；最后，起名字（尝试从不同的角度欣赏自己的作品，描述心情，起一个名字）。

缠绕可以缓压，是心灵的瑜伽——在预设好的空间内用不断重复的点、或重复的线来绘制出图案，不断重复的盘曲缠绕，人脑可以很容易地进入到冥想状态，逐渐达到深度的专注。久而久之，您的安定心就显现在您的气象上了。

人的内心自己是很难捉摸的，比如说，我已经站了20来年的讲台了，但很多时候我都不喜欢说话，不是我多稳重，而是我恐惧，用现在时兴的话就是社恐。我总会想起小时候"躲在父亲身后，美滋滋地听着父亲表扬我……"兴许，就是父亲的遮风挡雨让我安逸成长，这份安全让我少了物竞天择的勇气，多了浑俗和光的习性。所以，很多时候的会议发言，我总得憋足了劲，让自己心情平复，好让自己讲话有条不紊。从2015年接触"缠绕画"开始，它就成了我开会发言前的常规动作，会前15分钟，我会用缠绕疏导内在那个胆小的"我"。下图是2017年12月12日在专业指导委员会上我做汇报发言前的手作，它让我思路清晰，安定自在。"缠绕画"是一个调节自我的好工具。

绘于2017年12月12日，即兴手作

其次，再跟大家分享曼陀罗安放情绪的美好！

曼陀罗是一个非常好用且简单方便的心理学小技术，曼陀罗绘画，属于在心理调适里面比较简单，但是又非常有效的一个方式。我们可以通过曼陀罗绘画，在工作、学习之余放松压力，释放我们紧张的情绪。

使用工具：曼陀罗模板、彩铅若干、转笔刀

环境氛围：在绘画之前，准备一段自己喜欢的音乐，让自己进入到一种安静、放松的状态。冥想后，在音乐的背景下，我们开始进行曼陀罗绘画创作。

操作步骤：首先，清心境（用黑色彩铅大量涂抹快画，让自己身心都慢慢沉静下来）。其次，细观察（体会曼陀罗的绘画纸，根据自己的理解再进行绘制）。再次，填色块（根据曼陀罗纸模，选择喜好的颜色，为每一个图案填色）。最后，起名字（尝试从不同的角度欣赏自己的作品，描述心情，起一个名字）。

曼陀罗绘制，为我们体内积压的情绪提供了一个抒发的出口，它能净化我们自己的内心，绘制的每一个当下，都尊重自己的直觉，对色彩的选择，不用头脑去干预或评判。随着不断地绘制色块，慢慢地我们能看到其中表达的无意识信息，那正是我们自我疗愈的入口，我们可以越来越多地去看到和关注这些部分。比如，当愤怒、恐惧、惊慌情绪来袭，采用"清理画"方式，用黑色彩铅大量涂抹快画，让它清理意识底片里的垃圾；比如追寻静心、专注、安定感时，采用"疗愈画"方式，用喜好的彩铅细细描绘，通过细画与内在连接，慢慢地精神上的冲突分裂，都会在画作上得到指引。

不管是缠绕，还是曼陀罗，都无需从审美评价的角度出发，没有绘画基础的朋友也可以在纸上尽情地表达。接受自己便是成长疗愈的开始。

不管是缠绕，还是曼陀罗，二者都看似一个规整又复杂的整体，缠绕可以理解为曼陀罗的控笔训练（就像学书法必先学控笔一样），而曼陀罗是通过色彩释放情绪，产生的一些画面，可以激发与色彩、频率有关的能量，使意识发挥最大的潜能。

我自己的体验是，心灵疏导用缠绕，情绪释放用曼陀罗。它们都是听从自己内心的声音，在画里，我是主宰；在画里，它们是兵士。我们先从一个点开始缠绕，开始绘制，没有固定的规则。想怎么画就怎么画，怎么舒服怎么来，只需要我们放掉对结果的控制和执着，沉浮于当下的手随心动，画面便会自动延展开来。

尝到了甜头，岂能独乐，我把它们带到了《茶·修》。我们的学员都是20来岁的年龄，不喜欢他人评头论足，不喜欢他人戳穿自己的"问题"，所以，不能开门见山："我们来场自我疗愈吧！"

所以，我们特意为其设置了一项茶修训练营项目——绘制茶席手办。我们可以缠绕，也可以曼陀罗，绘制杯垫、绘制壶呈、绘制摆件……一切皆可连接。以下是学生的作品，不得不惊叹手办的精美，不得不佩服学生的耐力，每一个都是一个美妙的成长故事，它们陈列在我们漫茶堂的墙上，您随意选哪一个，我都可以跟您介绍它的作者！

习惯是我们所有的意识的相互妥协，形成了我们最舒适的一种惯性。当

这种意识逐渐渗透到潜意识与无意识中，形成心神磁场的力量的时候，就会在潜移默化中有这样的思维逻辑。

我体验过的缠绕曼陀罗，它们都是对习惯的照见，我们常常会被一些未知的困难吓住，但其实，很多事情并没有我们想象的那么复杂。只要我们踏出第一步，接下来的路便会越走越宽。

茶修营，我时常对学员这般说道：倘若你渴望看书，那就从书柜上取出那本你心仪的书来；倘若你想要去跑步，那么当下即刻就去换上那双运动鞋；倘若你生气、难受、压抑，那么用曼陀罗色块宣泄出来吧……让我们全然放下对于未知的恐惧与焦虑，果敢地迈出那至关重要的第一步，而后将其余的一切都交付给生命之流，用心做好当下的那个自己。

⬤ 2016 年夏天，"水溶性多糖"是茶修身心合一的"实证"

2016 年夏天，拜访了一位朋友，许久不见，话匣子一打开，我们从工作到小孩，从生活到身体，无所不谈……

那天，正值三伏盛夏，她用陨石煮水，冲泡一款景迈老熟茶，三杯茶下肚，肩胛骨发汗，忽有卢全"肌骨轻、清风生"的感受，伴随着舒适的体感，我问起了陨石煮水的功效。朋友说陨石含有一些地球上较为稀少的元素，具有能量和磁场，对人体的能量场产生积极的影响，从而起到养身保健之功。关于陨石的功效我无从判断，而最为直观的是陨石煮出的水温会更高一些，水质汤感更为纯净一些，且景迈老熟茶益发花果气息，这是陨石与熟普的相得益彰。

朋友一边泡茶一边跟我说着熟普的好："前些年，冬日里，即便裹着厚衣，仍觉四肢冰冷难暖，仿若被一层寒冰所包裹。进食稍不留意，便易引发不适，或腹胀如鼓，或腹痛隐隐，那疼痛如丝线般缠绕心间，挥之不去。一次云南茶旅，老教授的一个指引'喝熟普适合脾胃虚弱的体质'，让我这几年爱上了熟普的绵、滑、厚、重、茶气足的口感，以及它'排寒除湿'的功效。"

朋友就当下所处的三伏天又打开了话匣子——三伏天，是一年当中气温最高且闷热闷湿的日子，也是一年当中排寒去湿的最佳时刻，三伏天喝茶的讲究主要讨论的就是祛湿。"湿"是一种中医概念，气候潮湿，大量食肉的都是湿气的来源；湿邪过重就会损伤阳气，也就是亚健康。湿的现代科学解释中，有一种比较可信的假说，就是因为肠道菌群的体量不足。肠道菌群不足就会导致一些内分泌问题，进一步影响了情绪和睡眠等。所有具有除湿功能的食材，比如薏米、茯苓，其实原理都是一样的，就是补充一定数量的人体吸收不了的水溶性多糖类，这些多糖虽然人体不能直接吸收，但是到了肠道以后，肠道菌群就可以消化利用这些东西，肠道菌群的体量增加，人的体温就会提升。阳气就会变强，相应的湿气也就排掉了，从这个原理上来说，我们只要能够大量地摄入水溶性膳食纤维，就能够祛湿。熟普茶经过发酵，茶叶纤维很多就被分解为水溶性膳食纤维了，这都是一样的逻辑。通过多糖给肠道菌群补充营养是个低成本高效率的保健方案。

说完，朋友拿来了一本关于熟普的《茶叶进化论》，翻开书页映入眼帘的是一行字"一种连接古茶山风土与时间的后发酵审美生活"。正是这一行字开启了我们茶修的另一路径——以茶养生，以茶修身。

于是，2016年我们开始从各类纷繁复杂的化学式、从各类典型茶品"在制"中的主要化学成分分析开始，践行茶康养。比如，茶多糖（TPS）是一类从茶叶中提取出来的多糖类化合物，具有增强免疫力、降血脂、降血糖、抗辐射、抗血凝、抗血栓等功效，是一种极具应用和开发前景的天然产物，可广泛应用于食品、医药、保健等领域。[①]

漫茶堂以"茶康养"为主旨，以茶学社素拓活动为抓手，面向校内外学员开放"以茶养生——茗品会熏陶营"。茗品会以"二十四节气"为题，让学员在茶香中感受时间的流转与养生的美好。

◎立春（公历2月4日前后）

立春宜畅意：单丛隔岁佳

---

① 陈海霞，谢笔钧.茶多糖对小鼠实验性糖尿病的防治作用［J］.营养学报，2002，24（1）：85-86.

立春之际，春木之气方才起始，故而得名"立"。彼时寒气尚存，极易遭受风寒侵袭而伤人。风乃百病之长，恰如李清照所言："乍暖还寒时候，最难将息"，正指此季。

此际宜养肝护阳，其关键在于：心胸当宽阔而不宜狭隘，运动宜舒缓而不宜急促，饮食宜辛甜而不宜酸涩，待人宜平和而不宜焦躁。

宜借茶香以通经活络。当令茶品：茉莉花、隔年单丛；此外，白茶、红茶、老黑茶皆可，主要以饮后肠胃舒适为要。

◎雨水（公历 2 月 19 日前后）

雨水润万物：暖胃宜红汤

雨水，意味着降水起始，雨量逐渐增多。《月令·七十二候集解》中讲道：正月之中，天一生水。春初始属木，然而生木者必定是水，故而立春过后接续着雨水。

过了雨水时节，南方一些早茶便早早开始上市。并不建议急于尝鲜，此时茶价偏高，滋味尚显淡薄，且寒与火相互交杂，饮用的弊端大而益处小。

此时适宜健脾调肝，其关键要点是：健运脾胃以防止湿邪阻滞，调达肝木以助力升发。

宜借茶气养身心。当令茶品：花茶、岩茶、红茶、老黑茶等皆可，以饮用后身体感到舒适为宜。

◎惊蛰（公历 3 月 6 日前后）

雷鸣蛰虫起：香高宜茉莉

"惊蛰"亦称作启蛰。动物于冬日里潜藏于土中，不饮不食，此谓之蛰。惊蛰之际，天气渐暖，春雷乍响，万物复苏。

惊蛰过后，茶品日渐繁多，江南部分地区亦开始采摘。此时前往山中，常可见茶农忙碌的身影，山下茶人将采摘下来的鲜叶进行翻炒，十里之外皆可闻茶香。

此时适宜养肝护脾，其要点是：此时人体的肝阳之气逐渐上升，阴血相对不足，理应顺应阳气升发的特性来进行养生。

宜借茶气以助升发。当令茶品：好的花茶具备通窍发瘀的功效，此时饮用有助于升发。此外，单丛、肉桂等香高茶品皆是应季之选。

◎春分（公历 3 月 21 日前后）

阴阳适分春半：饭后宜洽武夷

《春秋繁露·阴阳出入上下篇》中说道：春分者，阴阳相半也，故昼夜均而寒暑平。此为仲春之正中分之日，阴阳恰适，昼夜无长短之异。燕子归来，自此而后阳气渐盛，阴气渐衰。

当下宜养阳护肝，其要诀在于：阴阳平衡乃养生之核心，于自然时序之中，春分之时阴阳平衡，依时而调养，收效最佳。

宜借茶味以平阴阳。当令茶品：切勿食饮新绿茶，而宜乌龙茶，四大乌龙各具其益，凤凰单丛与隔年武夷茶尤佳。各类老茶茶性平和，安神益中，宜于饭后饮用。此外，白茶、花茶亦是优之饮品。

◎清明（公历 4 月 5 日前后）

清明多佳茗：乌龙可当家

清明乃是祭奠先人的日子，它既是节气亦是节日。据《岁时百问》所言：万物于此时生长，皆洁净而明朗，故而得名清明。此乃清明的本义。

清明对于茶叶的生产而言是极为重要的日子，通常而言，绿茶的采摘级别以清明之日作为最为关键的划分节点，之前被称作"明前茶"，以寒食前后几日为最佳，其价格颇为昂贵，过了清明之后，诸多茶叶的价格便会开始大幅下跌。

此时宜柔肝祛湿，其要诀在于：饮食宜温和以清补为主；情志养生可适当进行宣泄，起居养生需防寒祛湿，运动养生可生发阳气。

宜借茶气以养肝胆。当令之茶品有：隔年的凤凰单丛正当其时，隔年岩茶、白茶、茉莉花茶皆为佳品，需忌过量饮用新鲜绿茶。

◎谷雨（公历 4 月 20 日前后）

谷雨可尝新绿：瓜片猴魁堪佳

谷雨，源于古人"雨生百谷"之说。《月令·七十二候集解》中记载：三月中旬，自雨水过后，土壤滋润，脉动生机，此时又降雨于谷物使其得以生长于水中……盖因谷物多在此时播种，犹如自上而下般顺应天时。"谷雨"将

"谷"与"雨"紧密相连，蕴含着"雨生百谷"之意，充分体现了谷雨的农业气候意义。

"谷雨茶"指在谷雨前后采摘的春茶，与清明茶同为一年中的佳品。绿茶多以"明前茶"为上品，而"谷雨茶"则最为珍贵。

此时适宜养护脾胃，其要点如下：谷雨时节早晚气温仍旧较低，故而需适当进行"春捂"；谷雨时期潮湿，湿性重且黏滞，易阻遏气血流通，因此需适当运动。

宜借茶气调养脾胃。当令茶品：六安瓜片、太平猴魁，白茶以及有年份的黑茶亦是不错的选择。

> "春雨惊春清谷天"，在生机盎然的春日，我们围坐于茶席前，轻嗅着新茶的芬芳，静心感受春天赋予万物的蓬勃力量。此时，我们亦如春日般的花草，充满生机与活力，以积极向上的心态去迎接生活中的挑战。"一年之计在于春"！在这美好的时节里，开启一年的学习与工作计划，为实现梦想而努力拼搏。

◎**立夏（公历5月6日前后）**

夏风初拂柳：午后品观音

立夏日，夏季正式拉开帷幕。"立"意即起始，象征着夏季的起始与来临。"夏"，在《尔雅》中被称作"长赢"；"赢"蕴含着"盈满"之意。立夏乃是标识万物步入旺季生长的一个至关重要的节气。万物至此皆蓬勃生长，故而得名立夏。

此时适宜养阳护心，其关键在于：人体需顺应天气的变化，重点在于养心。养心重在静心，静心在于戒除嗔怒。

宜借茶香涵养心神。当令茶品：明前绿茶、正秋铁观音、老白茶、老黑茶等。

◎**小满（公历5月21日前后）**

谷物方得小满：白毫蜜味正纯

小满乃是收获的前奏，亦标志着炎热夏季的正式开启。《月令·七十二候集解》载：四月中，小满者，物至于此小得盈满。小满节气具有两种含义：其一，夏熟作物的籽粒开始灌浆饱满，但尚未成熟，仅为小满，尚未达大满之境；其二，此时雨水较为充足，能够满足农作物的需求。

同样作为农作物的茶，在小满时节亦各有归宿：绿茶已然制作完毕，武夷岩茶亦于近日完成了毛茶的制作。凤凰单丛则步入了精制的阶段，普洱茶则忙于压饼与封装。太姥山的白茶亦皆装箱……不同时空的茶，有着各自不同的流程。

此时宜清心健脾，其关键在于：清热利湿，生津止渴；清心祛暑，清热解毒；健脾养胃，补气益阴。

宜借茶疗清心志。当令茶品：绿茶、花茶、白茶、黄茶、青茶等。

◎芒种（公历 6 月 6 日前后）

麦熟颇显湿热：瓜片最是宜人

芒种时节，麦类等有芒类农作物成熟。正如陆游《时雨》载：时雨及芒种，四野皆插秧。家家麦饭美，处处菱歌长。

此时宜调和脾胃，其要诀是：切勿贪凉，祛湿解毒；饮食清补，让苦夏不再苦涩；晚睡早起，适度午睡以补充睡眠；适量运动，以早晚为宜。

宜借茶味调脾胃。当令茶品：乌龙当令、隔年六安瓜片、老白茶、远年六堡茶等特殊茶品。

◎夏至（公历 6 月 21 日或 22 日）

一阴生夏至：神闲胜碧螺

夏至，至阳之极，昼长夜短，盛夏至矣，万物于此皆大而至极也。《月令·七十二候集解》言夏至为"五月中，夏，假也，至，极也，万物于此皆假大而至极也"，这是从阳气旺盛至极的角度来说的。夏至以后，阴气初萌，阳气渐消，黑夜渐长。

此时宜解热祛暑，其要诀是：夏至"三宜"——吃面、食瓜、清热；夏至"三忌"——暑湿、油腻、倦怠。

宜借茶香除疲乏。当令茶品：绿茶、五年以上生普、铁观音、白茶、隔年凤凰单丛等均可。

◎小暑（公历 7 月 7 日前后）

蝉声催小暑：绿茶最养心

小暑之际，暑意已然炽热非常，此热之中又存有大小之分，月初之时为小暑，月中之时则为大暑。暑热渐趋深沉，这般情境着实令人心生忧惧，既感热烦难耐，又觉口渴异常。且看湿气蒸腾弥漫，酷热之态更是令人难以承受，酷热难耐之感愈发强烈。

此时宜心平气和，其要诀是：心平气和五脏安，暑气自消。心安宁，食宜清淡，勤补水，适当运动。

宜借茶香涤烦忧。当令茶品：绿茶，五年以上生普洱、乌龙茶亦佳，老白茶、老黑茶皆可平凉去暑热。

◎大暑（公历 7 月 23 日前后）

大暑能熔金：茶饮绿与白

"大暑至，万物荣华尽显"。一热一湿是盛夏给予万物的独特馈赠，万物有感于暑气的熏蒸而奋发向上，迅猛生长，尽情地展示出那极为旺盛的生命力，蓬勃的生机犹如一幅绚丽多彩的画卷在天地间徐徐展开，彰显着大自然无尽的神奇与魅力。

此时宜消暑降温，其要诀是：暑邪气阴两虚；暑热咽痛失眠；暑湿肢体困重。因此大暑有三防防暑、防湿、防寒。

宜借茶气驱暑意。当令茶品：绿茶、清香铁观音、台湾高山茶、老白茶。

"夏满芒夏暑相连"，夏日的茶会中，我们品味着清冽的绿茶，感受着夏日的炎热与躁动。然而，酷热之中饮茶，通过缓缓的茶程安定内修，如夏日荷花"出淤泥而不染，濯清涟而不妖"，坚守着自己的高洁品质。我们也应当在喧嚣的世界中，保持内心的宁静，不为外界的纷扰所动，坚守道德底线。

◎**立秋（公历 8 月 8 日前后）**

立秋暑气仍浓：绿白尽显从容

立秋乃是秋季的首个节气，亦是秋季正式开启的起点。这意味着诸多方面，如降雨、风暴、湿度等，皆处于一年之中的关键转折点，呈现出趋向于下降或者减少的态势；在广袤的自然界当中，万物从繁茂生长的蓬勃状态逐步迈向略显萧索却又日趋成熟的阶段。

此时宜天人相应，其要点在于：适度运动，以锻炼心肺功能；心情舒畅，维持心平气和之态；饮食注重化湿，以防疫邪侵袭。

宜借茶香以平心气。当令茶品：绿芽茶、花茶、白茶、凤凰单丛等。

◎**处暑（公历 8 月 23 日前后）**

处暑凉意渐重：怡神宜饮乌龙

据《月令·七十二候集解》所记载：处，乃离去之意也，暑气至此已然停歇殆尽。

炎热无比的炎炎夏日即将逝去，着实是天气已然凉爽了。这般景致宛如一幅静谧而又美好的画卷，让人不禁沉浸其中，去细细品味大自然馈赠的这份清凉与惬意。

此时宜静心养性，其要点在于：春捂秋冻，不生杂病；滋阴润燥，清热安神。

宜借茶香以平心气。当令茶品：白茶最佳，绿茶亦可。新岩茶忌喝，新暑茶忌饮。

◎**白露（公历 9 月 8 日前后）**

露白雁南归：安茶三年陈

据《月令·七十二候集解》对"白露"的诠释——水土湿气凝而为露，秋属金，金色白，白者露之色，而气始寒也。白露之时，金气的肃杀与阴气的深沉相互交融，天地之间弥漫着一种静谧而悠远的气息。

白露时，不宜采制茶叶，但有一款茶品却离不开此日，那便是安徽所产之"安茶"就有"白露"夜露的讲究，安茶白天经过炭火高温提香，晚上经过夜露精华温润，吸取空气中的氧气和甘露，以促进安茶后期的发酵。

宜借茶气顺肺气，当令茶品：三年陈安茶、老白茶、隔年乌龙茶，体虚者可饮三年以上红茶，各种老茶。

◎秋分（公历 9 月 23 日前后）

秋分阴阳平：乌龙得平和

八月秋分阴中雷收声。在自然时序中，一年只有春分和秋分两日是阴阳平衡的，非常难得，顺时调养，效果最佳。

老子云："人法地，地法天，天法道，道法自然。"此时宜调整身心，其要诀在于：肺为娇脏，最易受外邪侵袭，故而深呼吸，让清润之气滋养肺腑，使肺气得以宣发肃降，为健康奠定坚实的基础。

宜借茶味养肺腑，当令茶品：凤凰单丛、武夷陈茶尤佳。各类老茶茶性平和，宜晚饭后饮用，安神于中。

◎寒露（公历 10 月 8 日前后）

寒露宜润肺：盏中适陈年

寒露，乃九月之节，"露气寒冷，将凝结焉"。寒露既至，天地之间渐显寒意，万物亦随之收敛。此时，秋意愈发浓郁，清冷的露滴凝结成珠，秋风瑟瑟吹拂，万物仿佛都沉浸在一种静谧而深沉的氛围之中。

此时宜滋阴润肺，其要点在于：饮食养生少辛增酸；起居养生防寒保暖；运动养生健走慢跑；精神养生调节情绪。

宜借茶味润肺益胃，当令茶品：喝老白茶以御风寒；喝老红茶以暖胃；喝老普洱以消脂；喝老陈皮以理气。

◎霜降（公历 10 月 23 日或 24 日）

气肃露为霜：乌龙伴斜阳

时至寒秋，气肃而凝，露结为霜矣。此时已接近寒冬，秋风萧瑟。

到了霜降时节，绿茶产区的茶树叶片开始枯黄，此时的茶已不适采制。而云南普洱茶的老黄片，广西六堡茶的霜降老茶婆，广东、福建、台湾的雪片却是在此时采制。

此时宜保暖润燥，其要点在于：补充水分，保持室内空气的湿度；增添衣物，做好保暖工作；滋阴润燥，提高身体免疫力；调整情绪，保持心情愉悦。

宜借茶味滋阴益气，当令茶品：退火到位的正岩茶最佳；三年红茶亦是当令茶品。秋季饮用熟茶更增加了熟茶收敛之功效，发挥其润肺去毒之功效。

> "秋处露秋寒霜降"，秋日的茶会，带着一丝淡淡的忧伤与收获的喜悦。在凉爽的季节里，品尝着醇厚的红茶，回味着一年的耕耘。好茶需感恩，感恩大自然的馈赠，感恩身边人的关爱与支持。同时，也要学会总结经验教训，为未来的道路做好准备。"春华秋实"，只有经过辛勤的付出，才能收获丰硕的果实。

◎立冬（公历11月7日前后）

立冬蛰伏日：红黑最芳华

在寒冷的冬季，首个节气便是那庄重且颇具深意的立冬。"冬者，终也，万物皆收藏也。"立冬时节养生，重点主要在于养精补气，除却日常饮食方面需予以格外留意之外，还可通过适量饮茶来施行调养之法。

此时宜养肾防寒，其要点在于：饮食以滋阴潜阳、增加热量；调养以温补为主、潜藏阳气。茶叶中含有咖啡碱、茶多酚、维生素等，可以驱寒暖胃，增强抗寒能力，还能刺激胃液分泌，帮助消化，消除疲劳，促进新陈代谢。

宜借茶韵养精蓄锐，当令茶品：红茶、老黑茶、老普洱。隔年乌龙、茉莉花茶、隔年红茶，对不同体质的人各有好处。

◎小雪（公历11月22日前后）

小雪融清水：祁红灼晚霞

小雪节气，寒气愈发浓郁，天空之上的阳气升腾，大地之中的阴气下沉，致使天地阻隔不通，阴阳难以交融。室内温暖而室外严寒，加之阴阳不交而易致干燥，以见雪为最佳之景。倘若不见雪花飘落，燥气愈发浓重，人们便容易患病。

宜借茶韵补气温阳，当令茶品：以藏暖、藏汗、藏眠、藏神为要义，当饮红茶、乌龙茶、白茶、成年黑茶等。

◎**大雪（公历 12 月 7 日前后）**

雪压数枝梅：壶烹老茶婆

大雪，十一月之节气。至此时节，雪势愈发盛大。意即此后，寒气下沉之势愈大，阳气内敛亦愈发深沉，此是雪盛之象。此季有雪为最佳，若不降雪，则燥气易生，于顺应天地之态势以养生而言，并无益处。宜增添室内舒缓之运动，减少户外运动以免大汗淋漓。

宜借茶味保暖补阳，当令茶品：隔年红茶、隔年单丛、隔年岩茶、十年以上黑茶、白茶、熟普等。

◎**冬至（公历 12 月 22 日前后）**

一阳始冬至：活水烹熟茶

终藏之气息至此而达至极致焉。阴极至极之时，阳气始生，日至南至极处，日影之长亦达至极致，故而谓之冬至。即此日乃冬日之极致。冬至一阳始生，《汉书》中言：冬至阳气起，君道长，故当贺。冬至过后，各地气候步入最为寒冷之阶段，俗谓之"三九"。

宜借茶韵温脾养阴，当令茶品：远年黑茶，味苦性温为首选；隔岁红茶，味甘性温善益气；五年以上熟普亦为上选。

◎**小寒（公历 1 月 6 日前后）**

寒夜茶待客：正山堪可夸

小寒时节，月初之时寒气尚微，故而得名小寒，自此便迈入了一年之中最为寒冷的季节。中医认为，寒乃阴邪，极易损伤人体阳气。冬日万物皆收敛潜藏，养生便理应顺应自然界收藏态势，蓄积阴精，以润泽五脏六腑。

宜借茶气助阳驱寒，当令茶品：陈年正山小种为佳，隔年单丛、岩茶亦可，老熟普洱及远年黑茶都是晚饭后安神化食佳饮。

◎**大寒（公历 1 月 20 日前后）**

云笼南山雪：炉烹陈年茶

古语有云：寒气之逆行至极，故而称之为大寒。大寒所蕴含的深意是天气冷到了极致。大寒是二十四节气中居于末尾的一个节气，其紧接于上一年最为重要的节日——春节，故而显得格外重要，且意义非凡。

宜借茶韵藏阳养胃，当令茶品：红茶红汤红叶，味甘性温，可养人体阳气；远年老六堡和老普洱，温养脾胃，此类茶均为佳品。

"冬雪雪冬小大寒"，冬日的茶会，在寒冷中透着一股温暖与坚韧。我们围炉煮茶，品味着浓郁的黑茶，感受着冬日的寂静。在这寒冷的季节里，我们看到了生命的顽强与不屈。正如冬日的梅花，在冰雪中傲然绽放，散发出阵阵清香。我们可以梅花为喻，在困境中坚守信念，勇敢面对困难与挫折。

二十四节气茶会，不仅仅是一场味觉与视觉的盛宴，更是一场"以茶养生、以茶育德"的洗礼。它让我们在品味茶香的同时，体会到"修身立德"的重要性。只有保养好身体，我们才能更好地投入学习、生活与工作。让我们在二十四节气的轮回中，不断地修炼自己的品德，让自己成为一个有道德、有素养、有担当的人。

"一份指引"＋"一把密钥"＋"两条路径"＋"一项实证"让我们"茶养德——视其所以，察其所安"有了载体，有了方法，有了成效！

三、修认知，自安顿

——茶养德·正身心·训练营

⊕ 茶养德·正身心·训练营——训练缘起

训练营地	修认知，自安顿——正身心	训练场所	漫茶堂，50 个工位
训练形式	师徒共进—同伴互助—自身强化	训练效果	16PF、缠绕绘制、曼陀罗解读
训练缘起			

　　2021 年 5 月，课余频繁约谈茶修营学员，有参赛不利产生心理落差的、有家长严威产生嫌隙的、有自感与同学格格不入的、有党课结业考试失利的……如何成为学员心目中的"重要他人"，如何开展心理疏导，需要创设教育情景，在实践中进行德育渗透，为此，特开展了茶修第二课堂：朋辈品鉴会——格物致知，正心修身。

　　就本月学员个案，以青茶评鉴为载体，办会办展，通过行动，把自我觉察带到更大的场域之中，自我疗愈也便发生！

学情分析

2021 年 5 月"茶修营"典型个案：

（1）学员阿怡（此处化名）参加行业酒旅推文竞赛落选，耿耿于怀。

（2）学员阿于（此处化名）党课结业考试没通过，怅然若失。

（3）学员阿颖（此处化名）在继续升学还是参加工作的问题上与父母争执。

（4）学员阿韵（此处化名）自觉内向，与同学们格格不入。

　　由个案窥斑见豹，茶修营共性问题——有求学生涯的压力、有职业选择的烦恼，有同伴相处的烦恼。

　　本营以"修认知，主安顿"为目的，以"视其所以，察其所安"为理念，以青茶百折不挠的品质格物致知，尊重学员主体的人格，为主体的发展提供各种可能，让价值主体自由选择，明朗自己的价值。

续表

训练目标	
知识 基础	1. 了解青茶制作环节。 2. 了解青茶风味特征。
实践 能力	1. 能分辨铁观音、单枞、大红袍三款经典茶品。 2. 能够快速分辨"茶鼻子",兴致配对。 3. 能够对 3 款茶品进行色、香、味、形比对。
素质 培育	1. 在青茶品鉴会中,让学员滋养"茶德"。 2. 在青茶分享中,让学员感受"茶和"。 3. 在青茶展演中,让学员感应"茶疗"。
训练重点和难点	
训练 重点	青茶的风味、青茶的特质
处理 方法	以学生的现有生活经验作为茶品鉴知识增长点,引导学生从原有的认知框架衍生出对茶品鉴术语的认知与内化。备常见的食品——紫菜、桂皮、玉兰花、红枣等,为青茶香型(丛香、苔藓香、花香)的香型进行归类
训练 难点	以历缘对境反思自身遇到的问题
处理 方法	根据不同个案,设置不同任务; 根据个案特征,巧妙设置平行教育; 通过自我办会,自我展演,梳理自我经历,体会青茶特质

❈ 茶养德·正身心·训练营——训练策略

设计理念
为更好地达成内视反听、外化于行的素养目标,漫茶堂设"教研坊"与"心怡坊",致力于师徒术业传承与心灵安抚工作。技术教研与心理疏导双管齐下:

1. 以文育人：以文化正心修身开展大学德育，以红色茶文化提升学员的道德情操，坚定学员的理想信念，培养学员不断精进的优良作风；

2. 因材施教："视其所以，察其所安"——充分尊重主体的人格，为主体的发展提供各种可能，让价值主体自由选择，实现自己的价值；

3. 平行教育：构建合情合理的人、自然和谐相处的友好局面。对集体进行教育，同时依靠并通过集体，针对其中个体的特点加强个别教育。

4. 言行一致："知行合一，止于至善"，德育以生活世界为依托，引导学员在生活情境中直观地面对道德问题，解决道德问题。

训练方法与手段

1. 遵循茶馆"TCD：做认知、做教练、做发展"训练方式，开展探究式训练策略

（1）青茶风味"做认知"——提炼为本案原理性认知，采用《竹石》《饮茶歌诮崔石使君》诗篇欣赏，探究青茶秉性。

（2）青茶品鉴"做教练"——提炼为本案操作性训练，采用营地"谈一谈""看一看""品一品"任务驱动训练，体验青茶历经百折之后的馥郁岩韵、花香。

（3）青茶荐茶"做发展"——提炼为茶修第二课堂实践强化活动，为4位学员量身定做，采用"讲、演、评、推"等历缘活动，开启内视反听、外化于行。

2. 借助科学手段、工具：房树人绘画、北森测试软件

（1）使用"房树人绘画"，走进学员心里，成为学员的"重要他人"，了解4位学员的"内心安全感""环境体验""自我形象""人格完整性"。

（2）使用"缠绕曼陀罗"，以清理画释放积压的恐惧、焦虑、愤怒、不安，以疗愈画帮助意识聚焦美好，学会静心和专注，生发内在力量。

（3）使用"北森16PF"，从学员心理健康方面、做事风格方面、与他人关系方面、决策能力方面等多维度对其测量，让学员看到独一无二的自己，接纳自己从"看到真实的自己"开始。

训练资源

本营提供多终端的共享资源。利用成熟的信息技术，为学员提供多终端（PC机、平板电脑以及智能手机）的学习资源，既扩大知识传播的范围，也为学员提供便捷的知识服务。

类型	数量（个）	说明
教研成果	房树人绘画心理分析集 曼陀罗色彩情绪分析集 典型个案解决策略分析集	"房树人绘画心理分析集"为本项目提供理论指导； "曼陀罗色彩情绪分析集"为本项目提供科学预警； "典型个案解决策略分析集"为本项目提供有力支撑
辅助软件	职业锚检测、16PF 软件	"北森人才测评"软件，为"学情掌握"提供了科学数据报告
学习微课	微视频、PPT	茶品鉴微课（6 辑）、茶文化微课（6 辑）

训练成效评价

项目训练评价维度

（1）过程评价：突出训练评价的发展性，采用"多元评价＋立体化评价"方式，以评促学。多元评价包括同伴评价与自我评估；立体化评价包括训练前后评测、作品呈现评测等。

（2）评价构成：依托线上平台和软件工具评价训练前、训练中、训练后的三段数据；鼓励学员互助互评；项目参与、个人作品、卫生清洁等。

评价维度	权值占比（%）
系统记录	20
营地教练	50
同伴评价	30

评价维度	指标细化占比（%）
前—策动	15
中—个体灵动	25
中—群体互动	25
后—行动	35

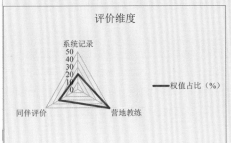

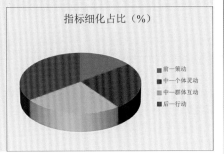

❀茶养德·正身心·训练营——训练安排

概括来访学员"问题"	
学生阿怡（此处化名）	参加行业酒旅推文竞赛落选，心中不快
学生阿于（此处化名）	党课结业考试没通过，怅然若失
学生阿颖（此处化名）	在"继续升学还是参加工作"的问题上，与父母争执
学生阿韵（此处化名）	自觉性格内敛，与同学们格格不入
提炼来访学员共性"问题"	
A. 个案人格把握	使用北森16PF测验软件对4位同学在其心理健康方面、做事风格方面、与他人关系方面、决策能力方面等各个维度进行测量，让同学看到真实的、独一无二的自己
B. 班群集体影响	班级全体同学进行团队角色测验，教师充分了解班级各位同学认识、能力、个性差异，掌握4位同学的团队角色后，通过特意编排（相背成m人组、N倍成m人组、相邻成m人组），将以上4位同学安置到合适的集体小组，以便开展品鉴会
结合A与B测验报告分析，提炼学生问题共性（以茶为媒，开展"青茶品鉴会"——青茶精制百折不挠、青茶红色文化底蕴、青茶喉韵馥郁持久、青茶行茶器具精选）	在焦虑性层面，社会适应性比较好，但同时对社会及生活上遇到的事情会感到一定的紧张，如何才能将紧张情绪化为动力，解决问题适应环境
	在外向性层面，社交方面表现均一般，虽然与人进行常规交往没有障碍，但是在碰到问题时较容易产生自责倾向
	在理性层面，日常行事中兼有理性和感性的成分，一般问题都可以理性思考和解决，但是在紧急情况下容易情绪化，过多考虑自己和他人的感受，不够理智果断
	在果断性层面，在果断和优柔寡断中徘徊，对于某些事情很难下决心

开展朋辈教育（平行教育）	
以举办"朋辈品鉴会"形式开展，选用青茶，取青茶精制需经过"走水—做青—走水—做青……"多次锤炼方可成就馥郁花香，引导学生从原有的认知框架衍生出对茶品质的认知与内化：了解青茶百折不挠之后的醇厚底蕴，反思自身遇到的问题与磨炼，以期一念契入，体悟本心。	
青茶精制百折不挠 阿怡——参加行业酒旅推文竞赛落选，心中不快	由学生阿怡组主讲：青茶需经过有规律的数次"动（摇青）"和"静（退青）"过程（俗称"死去活来"），成就馥郁花香。与生活对我们的磨炼有异曲同工之妙，本环节由学生阿怡开展资料收集及朋辈主讲，收集青茶制法的过程是认同的过程，讲授的过程就是自我疏导的过程，分享的过程就是自我内化的过程。同时，让同伴感悟经典文化。
青茶红色文化底蕴 阿于——党课结业考试没通过，怅然若失	由学生阿于组主演：青茶的绿背金脊、醇厚浓烈是来自劳动人民的勤劳与敢为人先的闯劲，这恰是红色精神所在。本环节由学生阿于主演"朱德军长播下的红军茶"，将茶之生、茶之蜕、茶之成通过仪规呈现，抚脉红色文化。阿于搜索茶红色文化履历的过程是梳理党史的过程，通过展演红军茶的故事，重温红色精神，由此及彼，自我梳理、缓压。同时，让同伴浸润红色文化。
青茶底韵馥郁持久 阿颖——在"继续升学还是参加工作"问题上与父母争执	由学生阿颖组负责：青茶有活力在于劲道，青汤有骨鲠在于茶气，青茶的巨大能量来自叶底鲜活、内含物质丰富，茶的有机物好比人的知识存量，厚积薄发。本环节由学生阿颖组主评，10款青茶色香味形品评，从茶表到内含物、到口感、到香型，每次的比对衡量与评定均是对自己知识存量的考量，经由朋辈训练内植于心。同时，推动班级形成正能量的文化氛围。
青茶行茶器具精选 阿韵——性格内敛，与同学们格格不入	由学生阿韵组主推：香茶需好器、好器衬香茶。一杯茶汤承载着一段好茶缘，也积累了事茶人的修为，如茶能稳住浮躁之心；如器能成就茶质的欢愉。本环节由学生阿韵主推，3款茶器器质推介均需要充分考量茶品品性与茶器质地，非心无旁骛、专心致志者，难以胜任。

续表

修认知，自安顿——正身心　流程单				
青茶品鉴会——格物致知，正心修身				
课型	第二课堂	开展时间	2021 年 6 月 15 日	
执笔人	陈洁丹	课时	2 学时	
学习内容				

一、教师寄语

　　当把自我觉察带到更大的场域之中，疗愈就会发生！

二、学习目标

　　1. 在青茶品鉴中，让同学滋养"茶德"。

　　2. 在青茶分享中，让同学感受"茶和"。

　　3. 在青茶展演中，让同学感应"茶疗"。

三、活动重难点

　　学习重点：青茶的风味、青茶的特质

　　学习难点：以心路历程反思自身遇到的问题

四、学习过程

　　欣赏《饮茶歌·诮崔石使君》《竹石》诗篇，通过诗篇，探究青茶秉性。

　　（一）自主探究、整体感知

　　1. 青茶馥郁花香的缘由？

　　2. 青茶色、香、味、形风味描绘？

　　（二）探究知识：青茶百折不挠的品质

　　1. 谈一谈想法：青茶的"还阳"与"返青"（俗称"死去活来"）成就的风味特点？

　　2. 看一看趣闻：青茶之坚—青茶之和—青茶之味—青茶之香

　　（三）推优出列，品鉴分享

　　1. 青茶精制百折不挠：阿怡组主讲 + 品鉴。

　　2. 青茶红色文化底蕴：阿于组主演 + 品鉴。

　　3. 青茶底韵馥郁持久：阿颖组主评 + 品鉴。

　　4. 青茶行茶器具精选：阿韵组主推 + 品鉴。

　　（四）分享贴签，同伴肯定

　　"茶仙子""茶精灵""茶夫子""茶传者"贴名牌，朋辈圈粉。

　　（五）会后拓展，自主体悟

　　1. 茶诗鉴赏《一杯茶的艰辛历程》《读诗解茶》

　　2. 茶修课堂 4 位同学"茶品鉴"微视频共赏

学习随记

● 茶养德·正身心·训练营——模式反思

训练效果	
来访者 自我评估	★学生阿怡："在了解青茶制茶工序中觉察到了自我的固执，由物及己，仔细品味青茶本源，增长了自己的知识，茶制中多次的'死去活来'才能成就花香馥郁，自己更需要锲而不舍求精进。"
	★学生阿于："为了准备茶艺展演，搜索大量的党史故事，增长了自己的党史知识存量，通过自己的精心编排呈现了青茶的红色文化与完整茶程，自己被自己感动了，才明白投入与产出是成正比的，自己应以青茶品质为标，愈挫愈勇，不断精进。"
	★学生阿颖："在搜索青茶醇厚底蕴资料时，我才知道自己知识存量的浅薄；当自己在同学们面前娓娓道来时，才明白了知识与知识的叠加将累积成自身的学问，也才明白了父母为何坚持让自己继续深造的用意。"
	★学生阿韵："通过自身一周多的"茶与器"品鉴匹配尝试，才发现自己较之前多了一股强大的安定力量，这让自己成为了品鉴会上的主讲人，也让同学们对自己刮目相看了，这让我又迈出了一步。"
周围人 评价	经过4周的访谈、检测、督导、行动、反馈，对来访者进行了"重要他人"的群体选定，作为周围人，并在干预前、后就4位同学在乐群性、活跃性、敢为性、独立性四个维度进行评分，发现阿怡活跃性提升；阿颖独立性增强；阿韵则在乐群性及活跃性方面有进步；阿于在活跃性、敢为性方面均有提升。

续表

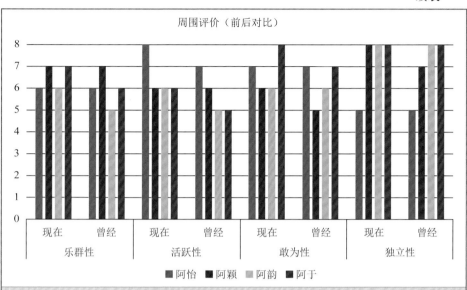

模式反思设想

　　一杯茶汤的管理，由形而下之器、形而中之艺、形而上之道，共融而成，相辅相依。因而，茶的平和、宁静、不争、利万物的本质正是我们德育的具象。"师生在茶桌上约谈生活、学习与工作"已经成为漫茶堂的日常事务，在有限的师资资源条件下达成随时随地随员培育的效果，准确把握学员的诉求，依靠并通过集体加强个别教育。如何从个别教育衍生影响集体教育这是我们的教学目标。

　　1. 提升授艺者自身德育素养：存道精业、修己育人，确保自身"真学真懂""真用真传"，为自己、为学员，打开心扉，把自我觉察带到更大的场域之中，疗愈就会发生（集体影响个体，个体成就集体）。

　　2. 抓住学情知行合一：从学员生活、学习、工作中碰到的道德问题出发，主打茶文化育人为主线，辅以茶技精进为抓手，在学员中开展朋辈教育。将学生"情绪""情感"通过精心的茶会茶艺编排搬到集体场合实地展演，在同伴的期许下激发学习热情，在同伴互助下感受集体的美好，增强人际交往能力，养成良好的生活习惯。

　　3. 实事求是、精准帮扶：使用北森人才测评系统为来访者进行检测，以报告为依据，以月度为周期，提炼学员共性问题，开发具有针对性的茶修训练营——可从识茶辨识中学识经典文化、可从品茶约谈中渗透传统美德、可从茶艺茶程中形成待人处事的规范……将其内化为茶修营的俭、真、善的精神内核。

承接先贤智慧
烧香、点茶、挂画、插花四般闲事，是宋人平凡生活里的日常，"闲"但却气质不凡，耐人寻味。

独创"紫砂出墨"绝活
绝活"紫砂·出墨"让无形的文化纸质化，让百变的茶艺形象化，让静心修身水到渠成。
绝活"茶缘·书道"将书法的"神美"以"形美"关联茶品茶形，精技训练，抒发心志。

灵机孵化助力
"一个契机"＋"一处根底"＋"一项法宝"让我们"茶覃美——育美事，怡情趣"有了载体，有了方法，有了成效！

第五章

茶覃美——茶师·美学雅集

《茶·修》陈洁丹

一、筅拂碗中花，百戏浮真趣

——陶冶宋人雅兴

烧香、点茶、挂画、插花四般闲事，是宋人平凡生活里的日常，闲情雅韵，耐人寻味。

——吴自牧《梦粱录》

孩提时候，每逢傍晚，我总会坐在门口小椅子上等父亲回家……父亲总会给我们带时令水果或是美丽衣裳。远远的一声"孩子们，我回来了。"就会让我们如兔子般窜出家门。

小学六年级的一天，父亲回家，带回了一个用报纸紧紧裹着的小物什，弟弟淘气，嚷着打开，只见父亲指向茶几，问我们："你们觉得我们茶几上缺啥？"我们三姐弟丈和尚刚摸不着头脑，惹得父亲哈哈大笑："我做了一个烟灰缸，一个能让茶几变得干净整洁的烟灰缸，这样，你妈妈就不会老嫌弃我这个烟民喽！你们看，这个有多种用法……"

父亲身躯伟岸，但总会有层出不穷的奇思妙想，业余时间，父亲就会做一些小玩意儿让我们开心，同时也让妈妈省心，比如这个烟灰缸！父亲说他做这个烟灰缸全是缘于妈妈的一句话："我每次把茶几收拾得干干净净，你点烟，我就得给你备好烟灰缸！"我们家的茶几整洁美观，妈妈还会特意修整一些小盆栽来美化茶几，为了不影响茶几的美观，总会把父亲那个不锈钢的烟灰缸给藏到茶几的下方格子里。

这是父亲亲自设计，托人烧制的茶几烟灰池，至今30年了，它可以满足妈妈布置鲜花点缀盘面的需要，也可以满足妈妈插上线香氤氲满屋的习惯，可以搁置香烟收纳烟灰规整茶几，妈妈说它功能好多，好美。在此，将父亲的老物件与您分享。

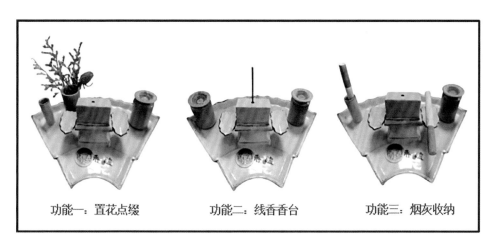

功能一：置花点缀　　　功能二：线香香台　　　功能三：烟灰收纳

习茶后，我才知道妈妈执着于茶几的规整与和谐，专业术语称为"茶席"摆置。生活中人对美的追求，可以没有理由，亦无关乎理论，慰藉眼球，舒缓心情即可。

兴许，孩提时的如此二三事，让我对"美"有了跟父亲一样的敏感；让我对"美"有了跟妈妈一样的执着。这是原生家庭给予我的一种情感教化与文化熏陶，冥冥之中，遇上茶，无可厚非，茶正是情感与文化的结合体，它让我有诉求、有毅力去挖掘"茶美"的内涵——茶的自然美育、茶的文化美育、茶的艺术美育。

如是，我们以茶为媒——焚香、点茶、挂画、插花，让漫茶堂的美思和美意得以释放，形成了颇具特色的漫茶堂四美艺——茶、香、书、花。它们的糅合，带着我们感受美、期待美、创造美。

　　　　◉ 茶：汤纹水脉，集美于心 ◉
　　　　　香：氤氲香氛，凝神静气
　　　　　书：以水为媒，书画入茶
　　　　◉ 花：清新雅致，野趣脱俗 ◉

❀茶——汤纹水脉，集美于心

2020 年冬天，适逢茶修营朋辈品鉴会开营，学员的一句感慨与茶室的"一个故障"，给了我们汤纹水脉般美的享受。

2020 年 12 月 29 日　星期二　阴冷　学员疑问与茶室故障

今天，很冷，我选了老茶作为品鉴茶品，有熟普、有老白。

学员感慨——为什么今天的熟普汤面上有一层飘忽不定的白絮絮？幻化不定，好生有趣！

茶室故障——评茶桌上的品鉴灯接触不良，索性关闭，我们手机的手电筒派上了用场。

太美妙了，原来，在候汤的时候还可以吹一吹这层茶氤，氤氲造型，变幻莫测，让候汤多了一层玩味的趣意……

太给力了，原来茶叶底使用手电筒能照见叶脉，照见茶师傅的制茶工艺，让叶底品评多了一曲美丽的旁证……

——摘自漫茶堂茶修笔记

*学员感慨

那天的熟普茶汤，与平日不一样，茶汤面上有一层烟雾，白絮飘荡，隐隐约约，静气凝视，好生有趣！

那天选用的是 20 多年的熟普茶，老茶的茶汤表面会出现一层非常薄的油雾——茶氤。我们肉眼感官有油脂态——如细雨绵绵的清晨，那平静的湖面上如烟似雾的氤氲；深吸一口气，缓缓呼出，烟云缥缈，依气塑形；轻轻一嗅，汤氤随气入鼻，不仅使我们神清气爽，享受了茶汤嗅觉品鉴的"鼻前吸香"，同时也完成了高挥发性香气分子的品鉴；啜吸一口，空气雾化茶香，从喉头飘到鼻腔后端，品鉴了美妙的"鼻后嗅香"，同时也完成了单宁转化滋味的品鉴。

茶氲是茶汤中脂溶性物质的呈现。"氲"意指"天地间和合而盈盛的气"。茶汤内脂溶性物质，如脂肪酸、胡萝卜素和一些芳香物质，这类浸出物质比重较轻，因此会漂浮于茶汤表面，加上品鉴会当天寒气冷，容器保温性高而汤面散热快，这导致茶汤上下温差大，茶氲也就应运而生了。

内含物质的多寡不是"茶氲"能否形成的决定性因素之一，还有一个因素就是光线折射，加上热气及茶汤颜色的反应。许多茶泡浓了以后加上当时的热量，光线就会出现如水蒸气散发的雾状。当然冲泡时汤水温度越高，瞬间浸出物质也就越容易产生。而盛汤的容器也会稍有影响，使用白瓷器皿则更为明显。

茶氲时隐时现，它出现了，证明茶内质丰腴；它没出现，不一定是内质单薄，也可能是缺乏"天时地利人和"——天时是温差，地利是光线，人和是分享。

学员的感慨是在不知不觉地连接"不为她知"的茶氲美，她内心的有趣与温馨正是茶的自然美育功效。兴会神到，让我们老茶品鉴会多了一程鉴美的环节——赏汤氲！

好茶才可能有茶氲，而茶氲需要环境护航——茶氲是好茶的充分条件，环境是茶氲的必要条件。为了让好茶显现茶氲，我们为老茶品鉴会制定了环境标准：一是天时，我们老茶品鉴会选择在冬天，选用保温性强的容器，给茶汤局部制造温差；二是地利，我们品鉴桌摆置位置在光源的前方，让每个茶杯中的茶汤产生折射；三是人和，我们允许茶氲的自然灵动，我们允许你、我、他的见地不一。

这是茶的美好形态。人有五感茶需四觉，茶的自然美育就是从我们的感官开始，倾注心灵——茶多姿多态，有西湖龙井的"杏花春雨江南"；有普洱的"古道西风瘦马"；有青茶的"色香俱浓怡心神，苦尽甘来攻自成"；也有"白茶照人冰雪同，红茶烧空猩血红"……林林总总，茶之风貌变化万千，总有一款适合当下的您。

茶的视觉美体验：茶汤颜色鲜艳透亮，重点在"透"——茶分六色各有千秋，不管颜色有深浅，"清澈度"是茶汤美的标识。

茶的触觉美体验：茶底触感柔韧软嫩，重点在"柔"——指腹感触叶底软和，不管叶片有大小，"新鲜度"是嗅觉美的标识。

茶的嗅觉美体验：茶香嗅感缭绕沁脾，重点在"沁"——鼻前鼻后闻嗅茶香，不管热闻还是冷闻，"纯净度"是茶底美的标识。

茶的味觉美体验：茶汤滋味平衡融洽，重点在"衡"，"苦、涩、鲜、甜、酸"五味平衡——茶之苦源于咖啡碱、茶皂素，构成了茶的浓度与厚度，苦味往往前行开路，而甜味尾随其后；茶之涩源于多酚类、黄酮类，与苦相伴，收缩唇舌，激发口腔生津；茶之鲜源于氨基酸类物质，构成了茶的鲜爽与甜香，鲜甜在前、醇爽在后；茶之甜源于可溶性糖、氨基酸，调和苦味，平衡茶汤汤感；茶之酸源于氨基酸、有机酸、抗坏血酸，无酸味，不明显。

茶之五味四觉，隐显平衡，缺一不可，如缺苦涩，茶汤便会甜腻，如缺鲜甜，茶汤则会苦涩。只有五味旗鼓相当，才是美茶！

* 茶室故障

评茶讲究天时、地利、人和，漫茶堂二期工程特地设置了评茶区域：自然采光面避免太阳光直射，室内光线明快柔和，为确保满足审评需要的条件，安装了日光灯以弥补阴雨天光线不足——在干评、湿评台正上方 1.5 米处分别安装双排白色日光灯（灯管长度大于茶样盘排列长度）。

那天天气阴冷，品鉴灯接触不良。趁机观变，我们改用手机手电筒……有时，"障碍"也能别有洞天。

品鉴灯是从上往下打光：日光灯能让我们清楚地看到干茶品相、茶底工艺、叶底整碎度、柔软度、色泽感。

手电筒是从下往上打光：背透光能让我们欣赏到茶底内里，用料老嫩度、发酵总体风格、叶脉走水风貌尽收眼底。

那天，光影和温度造就了透光之美妙，我们看到了一十六载的老白，她主支清脉、尽显蒸腾拉力，美丽的时间脉络诉说着她的不易：陆羽在《茶经》中曾提茶有九难——一曰造，二曰别，三曰器，四曰火，五曰水，六曰炙，七曰末，八曰煮，九曰饮。能在众多考验中脱颖而出的茶，她们都拥有美丽的叶底。不论您如何搓揉，它依旧鲜活、软亮、有弹性。

那天，我们讲述茶的底气——叶底审评标准：一是叶底要软、有弹性——可以随意褶皱弯曲，轻触叶底，润滑柔韧。二是叶底要亮，呈鲜活状——可以在水中折射亮泽，叶底有光，感官莹润。

爱美之心人皆有之！在观察透光的美妙中，让分享得心应手！

尝了甜头，我们在茶汤品鉴中增加了一个环节——透光观汤！

尝了甜头，我们在茶器品鉴中也增加了一个环节——透光赏器！

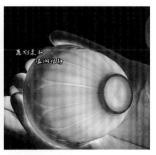

接着我们又在橘普品鉴中增加了一个环节——透光察室！

茶历"九难"（造、别、器、火、水、炙、末、煮、饮），才有"四美"（色美、香美、味美、形美），茶的美学信念，首先是让人五感通透，继而才是滋养，这是茶的艺术美，是茶的使命与底色。或许她没有完美的生命体，但她传递给我们敏感、克制、耐性和有判断力的主观能动，习茶修身，美的恒定不是完美而是追寻，是全力以赴的追寻。

香——氤氲香氛，凝神静气

2018 年春日，青山湖畔茶艺香会。办会，我们都有不同的抽题机缘，那次抽得题旨——花气无边熏欲醉，灵芬一点静还通。

此次《茶·修》全营五会，各择良搭，安于一隅。每席有"旨"，每案有"香"，每案有"美"。

一会：白茶清欢无别事，我在等风也等你

学员周小欣

此席，以"等"破题，湖光山色等香来，"等"是美妙的，"候"是发于内腑的，静静地等，慢慢地候。

二会：制香捕捉春天的气息，饮茶抒发一身舒意

学员李嘉韵

此席，以"香"立意，静室一炉香，可熏可点多自在，"香"是净静的，"嗅"是自在的，静静地品，舒爽地嗅。

三会：香炉剪裁春天的色彩，风里闻嗅久违的气息

学员戴子怡

　　此席，以"书"入席，春色难掩，泥土芬芳，香炉镇纸，形在意美，气不盈息，沉静优雅。

四会：做个清淡欢颜的女子——寂静于暖，安然于甜

学员梁泳琪

　　此席，以"花"入席，粗器柴烧，陶炉初沸，素净氤氲，熟茶安暖，女子有才，女子养德。

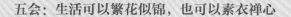

五会：生活可以繁花似锦，也可以素衣禅心

学员李嘉韵、戴子怡

此席，以"素"衬席，满园春色，素衣禅心，做个素心的人，温杯烫盏，大道至简，大美至朴。

办会初衷是陶冶性情、和睦共助、精进技艺。

此次《茶·修》全营五会，均以"香"为意，或明线，或暗理，与境相符、相衬、相依存，这是美妙之处，也达成了"陶性情、和合进"的办会主张，而"精技艺"窥豹一斑，尚有改善空间。

此次香会美中不足有三：

一是使用火焰外焰进行引燃线香，外焰点燃的线香会产生一些焦味，浪费香材，应该使用火焰的内焰进行引燃。

二是点燃线香所产生的火苗，切忌用嘴吹灭，口中有浊气，它是一个不静不雅的行为，灭火苗，只要手轻轻一拉即可。

三是户外用香只关注"形美"，未关注"功用"，学员本次使用有富森红土、芽庄、加里曼丹，而未涉猎公丁香、龙涎、麝香等，犯了户外用香忌讳。户外环境复杂，用香功用首选是驱虫蚁，用香可从"驱虫香囊"着手，用香的药性；对于需要高温品闻的香，建议选择具有高浓度、高挥发性、高穿透力的动物类合香。

投石问路，《茶·修》的茶会品控日新月异，而香艺知识与技术还需精进。为此，以"茶美艺"为主旨，开始了我们的"香艺茶会"策划，以期一会"助"一会，一会"长"一智——定主题、塑认知、识香器、修香艺。

＊定主题

以香为主角，以茶为载体，取"茶气与香气"相依相存、珠联璧合之意，定题为——品茶鉴香。

＊塑认知

香——适时。其实一款香，是远远不能满足我们日常所需的，比如晚上睡觉时，我们选择助眠香；白天上班时，我们选择提神醒脑的香。即使同一人在一年中不同的季节，我们的嗅觉审美也是有变化的，春天喜欢的香到了秋季就不觉得好闻了。闻香和吃饭一样，选择的标准，就是当下你觉得好闻的、舒服的，就是最适合的。

品——四法。一是线香，二是香篆，三是隔火熏香，四是电子熏香。一阶品香——用线香的方法，慢慢培养自身嗅觉敏感度（适合初学者）；二阶品香——用香篆的方法，借由香篆繁杂的仪轨来磨炼心性（适合有仪式感之人）；三阶品香——用隔火熏香的方法，建成自身香缘库（适合资深玩家）；四阶品香——用电子熏香的方法，层次感评香品香（适合行业人士）。

缘——香缘。开始学香如何结香缘？第一次与香相遇，如果它给您留下了很深的印象，那它就是您的香缘。品香闻香，勿听他人语，只信自己好，每个人的香缘也都有各自的缘法，不能一概而论，各自随缘就好，这是放诸四海而皆准的"香理"。闻香始于味道，但要品闻香韵，却要高于味道，贴切的描述是在味道上不停地迂回跨越，才能有所悟。

＊识香器

香会识香器，以"赏器"作为表达方式是最能打动人的，本次香会受众30人，我们如何才能关照到每个人的喜好呢？我们可以从人的情绪着手——每人每时每刻的情绪或喜或怒抑或悲都在变化，如何达成"器养眼、美养人"的情意目标呢？我们以 喜、怒、悲、惧分四项香器陶冶情志。

喜·器："过喜伤心""喜极而疯"都是在阐述喜"过"的结果。"喜伤心"——喜时需静气，选择荷塘系列，清心不乏是良选。

　　怒·器：怒发冲冠、肝气郁结都是在阐述怒的结果。"怒伤肝"——怒时需有悲悯之心，选择十二器可亲可怜系列，抚心不乏是良选。

　　惧·器：战战兢兢、惴惴不安都是在描述惧的外相。"惧伤肾"——惧时需安神，选择黄铜祥云系列，定心不乏是良选。

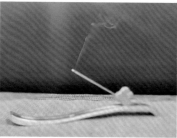

　　悲·器：面色惨淡、神气不足都是在阐述悲的结果。"悲伤肺"——悲时需有欢喜之心，选择十二器诙谐讨喜系列，乐心不乏是良选。

识器学认知，赏器怡情志，赏中识，识中赏，并行不悖。

＊修香艺

茶与香的融合：我隔火熏香起一炉上好沉香，学员静心素手行一套潮汕工夫茶，一时间，沉香与茶香盈溢满屋。

香与汤的结识：采用高阶行香法——隔火熏香，备碳—理灰—压香灰—开炭孔—埋炭—堆香灰—压香灰—刻香筋—理余灰—试温—开碳孔—再试温—置香—出香品香—传香。精雕细作，袅袅出香，沉香片静置于品香杯中，精炭被埋在香灰中，煨得幽香阵阵。品一口香后，在喉间充盈着香气时，啜吸一口老枞水仙，细心体会香气与茶汤的交融。

品香传香传心。品香：吸纳淡雅的清新之气，换气时将头部转向左边，呼气吐出浊气，切忌对炉内呼气；传香：传香讲究上一位品香者用左手传至下一位的右手，下一位右手接过闻香三次后，再用左手传于再下一位的右手。一抹淡雅，一盏香韵，古意盎然，传香即传心，让众位学员心生向往。

沉香水仙交融：沉香水与老枞水仙的结合。以沉香水沏泡老枞水仙，体会香落水的"香"变化——嗅时，沉香水让茶汤更幽，但不易察觉；饮时，水仙所特有的甜醇被沉香淡化，喉韵细柔悠长。

茶品四重"香、清、甘、活"与香品五向"清、甘、温、烈、媚"每一转的区分都非常细腻，穷尽鼻观、口品，身心安宁，细细品味，惊喜连连。

☯书——以水为媒，书画入茶

＊书雅集

2019 年夏日，茶修营成同学与我分享了他的习茶心得："我大学里有两个愿望，就是习茶与练字，因此参加了茶修营，也参加了书法社，我愈发觉得茶道与书法是相通的，很有趣的体验。比如上次茶会，大多数人给金骏眉贴了"妍美"的标签，大红袍是"敦实"，生普是"威猛"……这些标签都是《书法鉴赏课》上书论的术语啊！老师您的这些标签是特意而为？还是茶与书法的巧合？"

这个茶会标签活动是我几夜辗转反侧得来的设计，意图迁移书法的"人格象征"论来做学员自身品鉴风味库的关联，可能大家不一定能在短时间内记住陌生茶品的特征，但我们却能在短时间内意会一些描述人格的词语，因为我们生命历程之中，过客林林总总，他们的人格就像画像一样存在于大脑的万花筒里，以供我们随时唤醒与提取，这就是我标签茶会的设计要点，这么一点点灵机被学员照见了，"心有灵犀一点通"，多么美妙地被"看见"！

有了这一次"照见"，我们约定举办一场滴水茶舍与玉湖书画协会的雅集——茶与书，解读你、我、他！

2022 年 5 月 19 日　星期四　大雨　书·茶雅集

黄豆大的雨滴斜落在玻璃窗外形成一道道水柱。

噼噼啪啪的雨声，留下一道道水痕。偌大的茶室，只有我一阵阵徘徊不定的脚步。"这么大的雨，大家还来吗？"

未时，玉湖书画协会一行九人，如期而至。散发着沉香的茶室，随着他们的到来，活络了。几声寒暄后，布场工作迅速展开。雅集映入眼帘！

无由持一碗，寄与爱茶人

随着一曲羽磬开席，也代表着本次活动的正式开始。

温一杯烫盏，捻一缕茶香，观而赏其妙，闻而悦其香。

字如其人，人好其茶——字茶同源，了解你、我、他

生普，以"浓醇回甘，滑润醇和"而得名。喜欢生普的蜜甜兰香，喜欢生普的香高气扬，九曲八弯，而喜欢的同学也喜欢"①号"茶字，三回六转，柔韧多样。

岩茶，以"岩岩有茶，非岩不茶"而得名。喜欢岩茶的"岩骨花香"，喜欢岩茶的独特火攻香，新奇而有个性，而喜欢的同学也喜欢"②号"茶字，力透纸背，余韵纵横。

单丛，以"馥郁花香，山韵蜜味"而得名。喜欢单丛的"两颊生香"，喜欢单丛的醇爽回甘，喜欢单丛的条索紧结，而喜欢的同学也喜欢"③号"茶字，苍劲有力，边界归整。

正山小种，以"烟香水甜，琥珀宝光"而得名。喜欢正山小种的"松烟浑厚"，喜欢正山小种的桂圆肉甜，喜欢正山小种的柔情似水，而喜欢的同学也喜欢"④号"茶字，宝光乌润，变化多端。

　　熟普，以"陈香木韵，降脂暖胃"而得名。喜欢熟普的"滋味纯和"，喜欢熟普的色泽红褐，喜欢熟普的温和委婉，而喜欢的同学也喜欢"⑤号"茶字，刚正不阿，圆满润泽。

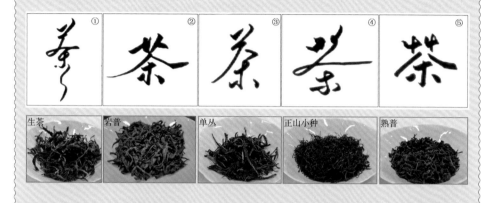

　　雅集，成同学的"茶"字与我的"茶"字收尾，毫尖在白纸上进行最后的弹跳折转，成同学的"藏锋收笔"、我的"三回六转"。您猜，我们喜好什么茶?

摘自漫茶堂茶修笔记

　　这次的雅集在成同学的"灵机"孵化下落地生根了。它迁移书法审美的人格象征理论，以茶墨俱香之形似意切破题，将茶品与书品做"茶如人生、字如其人"的关联，构成了完整的"茶·书"美学命题。

　　比如，在古代书论中，常用一些描述人格的词语，比如"闲雅、俊逸、真淳、妍美、深稳、敦实"等作为术语来评价书法艺术。而这些词语亦可用来形容六大茶类的品格特征，这或许就是"茶·书"在形质（茶底）与神采（茶味）、气势（茶气）与风韵（喉韵）、姿态（茶形）与法度（茶程）不谋而合的良媒。

在实践之中，诸多学员反馈对书法懵然不知。然而，我们也能以另一种方式来熏陶"茶·书"美艺（选用茶叶摆置"字"造型）——择一方洁净的桌面，挑选自己喜欢的书法作品（以品味审美意趣），依循书法的线条走势，择取形态相宜的茶品（以巩固茶形辨识），如此便可开启"以茶品书"的奇妙之旅。

有如英红，一芽两叶，乌润显毫，匀长卷曲。用它来构建字的笔画，仿若能将岭南山峦的绵延与温柔融入其中。每一牙茶叶乌中隐金，恰似溪谷中青藻荡漾、波光粼粼，轻轻摆放，"人生如茶"便有了灵动的韵味，似春风拂过，茶叶轻舞，字也仿佛活了起来。

有如铁观音，蜻蜓头，青蛙腿，沉重似铁。用它摆砌出的字，充满了一种厚重的质感，宛如古老庙宇中沉稳的石柱，坚实而不可撼动，"心之所达"经铁观音的塑造，仿佛自带一种空灵的觉性，让人心生敬畏。

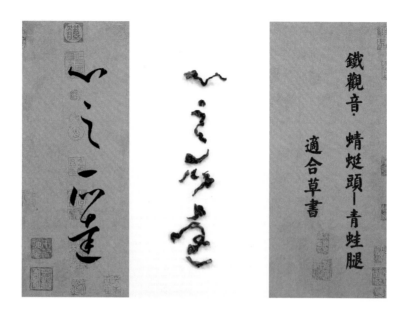

鐵觀音·蜻蜓頭—青蛙腿

適合草書

　　有如白牡丹，芽叶梗相连，未经揉炒，叶张悠然舒展。以其为墨挥洒，那一缕浅浅的茶色，天然铺展，青褐灰绿交织，如韵如律，意韵深长。"放下"在此刻仿佛变得具象起来，如同时光在静静地沉淀，让人在这纷繁的世界中能够随遇而安。

白牡丹·葉態舒展

隨心所欲·適合特型書寫

当我们以茶叶造型字体框架时，这不仅仅是一种简单的摆置，更是一种美育的熏陶。在这个过程中，我们辨别着不同茶叶的形状，理解着它们所蕴含的独特气质，这便是茶形辨别与美育熏陶的完美结合。在茶叶的世界里，美育是无声的春雨，润泽心田。我们从茶叶的形态、色泽中汲取美的养分，如同在古老的画卷中探寻美的真谛。这一片片茶叶，就像是大自然馈赠的颜料，任由我们挥洒出美的篇章。

每一片茶叶都是大自然的精灵，它们带着山川的气息、雨露的润泽，汇聚在我们的指尖，成为书写美的工具。用茶叶写字，是一场与自然对话、与美的邂逅。我们在茶叶的清香中沉醉，在字的韵味中领悟美。这不仅仅是一种艺术创作，更是一种心灵的修行。它让我们在喧嚣的尘世中寻得一片宁静的港湾，让美的种子在心中生根发芽，茁壮成长。

书画同源，"书"可衍生出如此美好的雅集，那"画"也未尝不可。从小，跟着父亲研习笔墨，一直问询学之何用，父亲回语安身立命。如今已过不惑之年，才觉其有敝帚千金之功。

自古就有赏画品茗雅集，漫茶堂也可承接先贤，以画入茶——绘茶旗、描茶布、赏画习茶，为茶添技、为茶添彩。

* 画雅集

《玉兰花开》——鹊雀依枝嗅玉兰，指绕樱柔弦韵沾。以蓝白鹊搭柴烧器具，灵动朴素；以玉兰花开搭禅黄茶布，雅致庄严。取其惠心纨质之意，为"感恩·雅集"读兰、绘鹊、品茶，舒心畅意！

我为"感恩·雅集"绘制茶席

《摇曳生姿》——取寂静柔和的芥末黄茶布，绘风姿卓越初成莲蓬，鱼水相欢、蜓蓬相投，取合惬、吉祥之意，为"茶缘·书道"锦上添花。读莲、绘蓬、品茶，不亦说乎！

陈洁丹为"茶缘·书道"绘制茶旗

《赏画学识》——古时茶童司茶不易，备器、汲水、生火、候汤、煮茶，面面俱到。古人煮茶程序烦琐，茶童携罐汲水备茶。"候汤最难，未熟则末沉，过熟则茶沉"，眼观，识水的气泡之形；耳闻，辨水的沸腾之声；挥扇，考验幅度、疾缓、力度。茶之九难，难难珍贵。

赏中国茶画，品茶童煮水要义

茶修的"书画入茶"不应遵循固化的思维，不局限于书法或者绘画，只要客观形象能为主观心灵带来某种美妙的意蕴或情调，它便可以入茶。所以书画茶修不仅仅局限于有书画基本功的修习者，抑可是有美感的一切物什：可以是"一笔一画横竖姿"——绘茶巾；可以是"一针一线缝曲折"——绣茶巾；可以"一茶一画融入境"——赏画作；可以是"一折一对规齐整"——叠茶巾……

| 绘茶巾 | 绣茶巾 | 叠茶巾 |

以水为媒，茶墨俱香。书画入茶，言近旨远——书之钩、勒、皴、擦、点，画之烘、染、破、泼、积，茶之轻、洁、和、长、兴。"万物并育而不相害，道并行而不相悖"（《礼记·中庸》），以得形神兼备的美育效果。

❈花——清新雅致，野趣脱俗

2020年春，茶修营卢同学与我诉说了她的苦恼——中职时候学茶，信心满满；大学时候学茶，怯声怯气。她的苦恼来自上一次的茶接待，她单独事茶款客，铁壶煮水，候汤时长半小时，席间无茶，顿生尴尬，绞尽脑汁地找话题，憋出了一身虚汗……"老师，是我太在意他人的目光了，这半个小时的'无茶'时间，捉襟见肘，我不像其他人能谈笑风生，下次还是会有这种情况，我该怎么办呢？"

茶席行茶，安定心来自掌茶性、明茶理，如行茶有虑，则技还需进，此其一；其二，精技过程漫长，席间尴尬可巧借其他名目度时，比如席上的摆件、茶宠、插花都可以成为我们的谈资或是缓和、增加我们的茶程要素。

面对她的苦恼，我寻得良策——女孩子总是爱美的，用插花转移她对自己的"不认可"估计应该是当下最合宜的一个方法。于是，我给她布置了一个作业，以一月为期，掌握就地取材，现场布席，插花行茶，并以日志记录自己所学、所思、所悟。

2020 年 3 月 12 日　星期四　阵雨　我的苦恼

今天，我跟老师分享了茶事接待的尴尬，老师说不是我"太在意他人的评价"，而是技术还需精进。

老师给我布置了一个茶席插花的作业，说掌握它，可以让我席间多点谈资，少些担忧。比如，当我候汤时，我可以现席布花，只要和惬，一切皆宜。

2020 年 3 月 15 日　星期日　阴　无法取材

今天，阴雨连绵，心情压抑，我向老师求助，一点头绪都没有，我看了很多关于插花的资料，但是"就地取材"难度好大，早春满眼皆绿，花又在哪里？

老师一改常态，笑不拢嘴："插花不为花，喝茶不为茶！"经老师解释，我才明白茶席插花的"花"是泛指，或枝、或花、或叶、或根茎，均无受限，才明白以字取义是多么狭隘！

2020 年 3 月 19 日　星期四　阴　逛花市

今天，老师给我布置了任务，到花市逛一逛，记录一些我喜欢的花的颜色，尝试按照"青、红、白、黑、黄"进行花色归类，考虑它是否合适茶席花材的颜色？

陈老师的教学方法总跟其他老师不一样，很多老师布置任务或作业都会先告知目标，再提供方法，我们按照老师的一、二、三步骤，很快任务就会完成了；而陈老师布置任务，只告知我们要做的事，而对于这个事要达成的目标需要我们自己去体悟，去总结，陈老师说了，美育与他育不同，它随时、随地、随人都可以启发我们，只要心灵常开，美会不请自来。

今天，我发现当我把一些花进行"青、红、白、黑、黄"五色分类时，就发现，这些颜色在一起的感觉总是那么凝重、端庄、力量感很重；而我喜欢的花色都跟它不一样，它比较轻盈、趣味、淡雅。

老师"狠狠地"肯定了我，说我对美的悟知很高，我的总结就是老师想要我学到的——中国人的色彩观，分为正色和间色，正色就是纯色（青、红、白、黑、黄），间色就是把两个纯色调和在一起，比如紫色是蓝色与红色的交融，它就是间色。正色一般都用在祭祀或其他重大场合，而文人墨客茶室书斋则喜欢间色，因为它们淡雅、野趣、闲致！

2020 年 3 月 23 日　周一　多云转雷阵雨　花材造型

今天，老师跟我分享了花材的选择与造型。

茶席插花需要花材品貌、色彩搭配，再结合花器，配饰等设计元素的糅合搭配才能有意境。

花材造型，不只是盛开的鲜花和挺拔的枝条，枯枝落叶也可以用，花是有生命的，都会面临枯萎老去，插花可以说让它获得了第二次生命。

插花根据所处环境及巧合而定，会用到不同的花材，还常常会用到异质材料来插花，比如枯枝、铁丝、落叶等非鲜花的素材，只要能传达出静谧，呈现出纹理和质感，未尝不可。

2020 年 3 月 31 日　周二　阵雨轻雾　现场布席

今天，阵雨不断，心情却是不错，因为今天是我与老师相约，现场布席。

我特选陈年老白，锡制杯碟衬琉璃，酸枝茶匙搭银针；以铜制香器呼应暖绿茶旗，在滴水岩山脚下寻得棕竹叶，以主脉为隔裁剪一旁叶子，以主脉盘绕于白色瓷质水盂之中。取棕竹生旺的寓意，取琉璃净化辟邪，协同老白茶的养身功效，席名为"生生不息"。

老师说很喜欢棕竹叶的处理方法，如能把棕竹以三大主枝的形式进行修剪定型，添置补花呼应桌布，就更美好了！棕竹叶质地较硬，面积较大，下次尝试以"三主一补一焦点"的方法来修正。

裁剪第一主枝，其高度标准是花器的高加宽乘以一又四分之三；

选插第二主枝，确定高度为第一主枝的四分之三；

选插第三主枝，选用高度是第二主枝的四分之三；

插入焦点花，即位置最中心、视觉冲击力最强的主花，花的高度是第三主枝的二分之一，可以用我们校园的鸡蛋花作为主花；

补枝，围绕第一主枝周边补充插入适配花材（可以是校园里的细小藤蔓或蕨类植物），补枝的作用是改善整体作品的硬朗风格，让萝蔓的柔韧软化棕竹叶的坚实。

摘自漫茶堂茶修笔记（学员）

3月12日至3月29日，历时18天，学员就完成了茶席插花"就地取材、现场布席"的两项体验，修习的过程以日志形式记录了下来，有心有灵，一点则通。那么接下来，考虑如何将开卢同学的心结了。

时值春日，阴雨连绵，悲春情绪时有发生，所以，一场疏心雅集在卢同学的安排下，徐徐拉开帷幕——

＊制柬邀约

当待春中，草木蔓发，滴水岩下漫茶堂
谷雨（四月一十九）
斯之不远，倘能从我茶乎？

——漫茶堂

＊雅集趣题

四人谈心雅集，席间沙龙——以"谷雨"为题，为茶会选题；席间
已备"题"，只等您来品、来选！
题一：背向春潮，去向新域
题二：谷雨纯净，水润初生
题三：雨润百谷，解惑授艺
题四：谷雨暮春茶事好，初沸花样饮春归
（四人来自不同专业领域，因此席上为其按不同领域以谷雨时节命
题，果不其然，心照不宣，您能猜到是哪些专业吗？）

＊雅集选花

四人谈心雅集，席间沙龙——以"谷雨"为题，为茶席搭花；席间
已备"花"，只等您来鉴、来选！

此次谷雨雅集，花材不名贵，不涉"梅、兰、竹、菊"，而是春天满目皆绿的苔藓与藤萝；花器更是俯拾皆是，可茶碗、可壶承，简易造型。

春天，阴雨连绵，雾阁云窗，苔藓春生——白日不到，却能春意盎然，"苔花如米小，也学牡丹开"！在它身上我们看到了生发韧劲，看到了孜孜不倦。苔花尚且如此，何况人乎？

此次雅集，卢同学主持操办，从策划到布席，从选材到剪裁，从茶品到花品，席间侃侃而谈，耗时一个月的花艺茶修，让她找到了信心，找到了谈资——逛花市、分花色、择花材、塑造型……看着她谈吐自若，我也可高枕无忧了。

信手拈来的从容，都是厚积薄发的沉淀。

茶席插花——清新雅致，野趣脱俗。它是一件浪漫而又治愈的事情，不管是从审美上还是心情上，因为它让我们跟自然有了一个很好的联动，自然的美通过我们的双手来表达和呈现，而且它让我们自己和身边的人都能感受到这份美好。

二、茶中美艺，美中茶修

——美之隐显，无我直观

美，是事物在我们内心深处所唤起的主观感受；
美，亦是我们对生命中那些美好事物的憧憬与依托。

美，以展现感官愉悦的鲜明之象呈现；美，以彰显
伦理判断的温和之态展现。

近十年，漫茶堂授艺解惑从技能传授到素养培育慢慢延展转变，我们暂且使用《心理学》的"全人"概念（指身体健康，全面发展的人，或者潜能得到充分发挥的人）作为我们茶修营德育、智育、劳育、美育共育共勉的目标。在追求"全人"的路上，补缺挂漏就是永恒的方法。

⚙ 2018 年春天，"茶器匮乏"是茶修搜藏数奇的"动力"

2018 年春，茶修营第一次举办茶艺技能竞赛。我们一直都是在比赛的路上，一直都在人家赛标赛道的指引下备赛参赛。这次终于是我们自己定本定标了，我们从"行业技术要求，从育人素养要求"两个角度思考比赛的内容与形式，力求茶艺竞技、茶汤品鉴、茶席设计、茶品识别四轮驱动，校园职业技能竞赛与省、市、区职业技能比赛不一样。省、市、区茶艺技能比赛在茶艺创新竞技环节不提供茶品茶具，不设置竞赛用具的天花板，选手可以尽最大财力与物力让自身技艺锦上添花；而在校园，学员茶器匮乏，我们更多的是考虑学员

的全人发展，不一定依靠物力或财力，而是在有限制的资源里去竞技、去比拼，比如，我们在"茶席设计"竞赛环节的赛标——我们将茶堂所有与茶席相关的物件一件不落地供给备赛场，每位选手提前20分钟进入备赛场为其茶席择器备具、设计茶席主题。这样，我们确保了选手们的赛具公平，也考量了选手们的搭器技术以及美学修养。这就是我们茶修营技能竞赛的特点。这个特别之处是在茶器匮乏的窘迫下，漫茶堂勠力同心灵机一动的结果。

比赛如期进行，完满结束。而它也撬动了我们那颗按捺不住的搜藏心——搜藏数奇美器之心！

这里需要厘清的有两个方面：一是我们对数奇的定义，"数"取"奇数"意，相对于偶数而言，奇数是不对称、不完美的定义；"奇"取"畸"意（柳宗悦《茶与美》"畸"准确地说是指不可分割的田），数奇美器不是器型怪异，而是貌似形破的自由追求。二是数奇美器不在学校经费额定范围内，因此，我们的搜藏路径是同道中人，学茶，总有爱器，漫茶堂为各位茶友提供器具保管与养护供事，我们一起茶修，一起赏器。

截至2023年，我们漫茶堂美器展柜已达15平方米，每件器具都由主人题名，每一件器具都有巧缘趣事。我们为美器展柜起名为"邂缘匣"。以下结缘两三事，愿君费心多参谋。

＊枭窑·重工青花

山水入器，五面柴窑，近景体物精细，远景错落有致，远近相依相随。赏山水、观茶汤、怡诗情。

——枭窑·重工青花

2018年春，茶美器开营，黄老师带来了一把重工山水盖碗，愿以它为标的与我们来一场赏器擂台赛，黄老师承让，让我们结下良缘，抱得美器归。重工青花，素地是美里，釉药是韵味，再看点画技法，远近错落有致，画工老练有趣。以画赏青花，是我们的强项。

*青段·小河豚

端握舒适，栩栩如生，壶把造型特色到位，壶盖设计拿捏称手，娇小可爱，嘟嘟出水，爽快有力，直泻杯底

——青段·小河豚

2019 年夏，为开设茶器鉴赏课，暑期四处借润、搜寻特型器具，与陈先生收得河豚一尾，嘟嘟嘴巴、圆圆眼睛、鼓鼓肚皮，吞纳舒畅、持拿稳牢，造型仿生一流，不仅可赏，还可怡情，大家给它取了一个名字"小气豚豚"，它是心神不佳之时怡养的不二之选。

*玻心璃语·晴丝提梁

晴丝提梁壶，烟灰静致简素，纽纹富丽幽美，素雅与斑斓同在，是矛又是盾。缥缈水如镜，研磨水利落。

——玻心璃语·晴丝提梁

2020 年秋，美器沙龙"器集结"邀约，茶修营全员搜器，其中就有一把来自学员小香的晴丝提梁壶，她以陆羽"茶九难"为引，概括水晶七难"一曰熔，二曰吹，三曰塑，四曰冷，五曰切，六曰磨，七曰抛"，见地立意深刻，诠释了茶与器的历缘，以惜缘！

* 云艺堂·紫皮南瓜

> 一张纯银手工锻造南瓜器型，筋瓣分明，大
俗大雅，炮口壶嘴、出水如注、断水利落。
>
> ——云艺堂·紫皮南瓜

2021年冬，友人赠予一柄紫皮银壶，小巧玲珑更显手工锻造之精技，因此将其安置于漫茶堂赏器区，自此迎来学员把玩为解大家尝劲，我们在旁边放置了一副白色手套，以便上手摩挲。

* 不觉堂·星皎盖碗

> 星河入器，借助古法琉璃技艺将流转星河凝
入碗中，持握有度不烫手，随心拿放，宜茶适手。
>
> ——不觉堂·星皎盖碗

2022年春，林先生送来了一把星空盖碗，时值神舟十三号载人飞船着陆，我们以"星河"为题，以民族文化自信为本，以器为标，为这把星皎盖碗举办了一场琉璃雅集，为其接风洗尘。

* 御青堂 · 铁胚花口

"色不碍墨，墨不碍色。"青烧似玉非玉的莹
润质感，灿烂明艳与温蕴俊秀相得益彰。
——御青堂 · 铁胚花口

2022 年冬，喜获一枚铁胚米黄釉花口主人杯，金丝铁线以绣球缠绕
辐射四方，坚韧而又温柔，大家都说它是"现代女性的化身"，多么贴切
的描述，于是，它有了另外一个名字——半边天。

邂缘匣——有器有情缘，这是爱茶人给予漫茶堂的信托。邂缘匣让器的
美得以共享，让茶人的美如麻中之蓬，生生不息。

◉ 2020 年夏天，"教学绝活"是茶修美育特色的"根底"

2020 年夏，有幸获得了广东省青年教师教学绝活大赛竞技的入场券。

很惭愧，教学生涯 16 年，我都没有钻研过我的教学绝活。这是很难破题
的一个赛事，偶然的一次聊天，同事的一句感慨："现在的学生要求很高，也
倒逼我们延展其他能力，比如表演能力，把我们的内里（知识）戏剧般地呈
现出来，有冲突，有情节，课才能入心入肺啊……"

广东省青年教师教学绝活赛标

教学绝活必须与教学和专业密切相关，突出本专业（课程）的相关
技术和技能，例如专业技术（技能）操作展示、演讲、板书、视频、作
品介绍等，充分体现职业教育特征，形式多样，丰富多彩。

教学绝活展示主题、内容形式由选手自定，要确保作品的原创性，

不会产生版权争议。教学绝活展示所需器具由选手自备，现场布置时间不超过 2 分钟。教学绝活展示时间 6 分钟。

对呢！戏剧！戏剧、电影为什么能引人入胜，就是"有冲突"，一语点醒梦中人——6 分钟的教学绝活呈现要充满冲突，让评委老师有如"看电影"般的享受，我要制造"冲突"。

"冲突"让我想起了黑格尔的美学。大学时候读了黑格尔的《美学》，很难读懂他的美学世界，比如他提出了古典型艺术（理想的空间表达）、浪漫型艺术（诉诸情感的时间表达）；比如他指出艺术主体性经过由少到多的辩证发展，在诸多冲突中获得美的理念感性显现等。但每每读它，总能有不同的收获，同样的文字，时时不同，美美与共。此刻，为了青教赛的教学绝活，我再次彻读黑格尔《美学》。黑格尔把时间作为空间的发展形态："它消除掉等值的空间并存现象，把这种并存现象的持续性凝缩（集中）到时间点上，即凝缩到'此时'（现在）上。"

绝活应该只有少数人掌握，一时半会儿，"绝活"是不可能让人轻松习得的。那么"教学绝活"应该是指一种传递方法，它能够让学生在课时额定时间内掌握课程教学目标，因此，我把它定义为一种具有《茶》特征的教学方法。我需要把这 6 分钟"拔高"，把它当成一次艺术展演活动，我需要它超越人的认知，让评委在有限的时间内体验冲突的艺术，才能更深入主体的精神世界。接下来，与您分享我的教学绝活——它的破题、它的立意、它的展开。

* 破题

根据赛标，教学绝活展示时间 6 分钟，我将茶的空间技术与时间技术按照黑格尔的美学概念进行划分与提炼。在这 6 分钟内，每一个此刻都为下一个此刻做铺垫，后一个此刻不断否定前一个此刻，6 分钟的"冲突"达到了连续性的自我实现。在此，我将黑格尔的"空间艺术"解读为"静止的美好"，将其"时间艺术"解读为激烈的冲突。结合成茶元素进行 6 分钟茶"空间—时间"的辩证运动搭建。

要素 维度	要素 1	要素 2	要素 3	达成目标
茶—空间	茶席—美	妆容—美	茶程式—美	主体性：静止的美好
茶—时间	工具—冲突	茶服—冲突	茶程式—冲突	时间性：激烈的冲突

首先，要素 1"茶—空间"的搭建，茶席至简：一茶壶、一熟宣、一墨水、一蒲团、一线香、一茶旗；要素 1"茶—时间"的搭建，茶席冲突：有茶壶、无茶品；有熟宣、无毛笔。冲突带来的悬念，茶课无茶？书法无笔？茶不成席，意欲何为？

其次，要素 2"茶—空间"的搭建，妆容得体：妆容保持高智慧感，改善面部扁平，弱化眼影，加强轮廓柔和感；衣着高领一字扣削肩旗袍，中长斜襟加以流苏缀饰；要素 2"茶—时间"的搭建，茶服冲突：柔和的妆容与稳重的着装，依老扮老，与赛标"40 岁以下青年"教师形成鲜明的冲突。冲突带来的解读——选手已达不惑，上进心可窥一斑。

再次，要素 3"茶—空间"的搭建，程式别出心裁：香线袅袅，古琴悠悠，执壶为笔，将茶程控壶出水与书法控笔训练做了程式关联——紫砂出墨；要素 3"茶—时间"的搭建，程式冲突，本来茶壶出茶汤，书法靠执笔，但在这里，我用紫砂壶来书写，突破人的认知。激烈的冲突带来绝活的高潮，书法控笔所需的气息与茶艺注水的专注力一脉同源，怎样帮助学生在短时间内掌握气息调节的技术？至此，紫砂壶书法，就破题了！

* 立意

书道、茶道自是一家，书法需要净心静气，茶程需要安顿自在，其气息一脉同源，因此，我给它命名为：茶缘·书道——五谱成就注水能手。

立意一：紫砂壶书法，迄今为止，尚无人尝试，这是我"教学绝活"的创意。选用壶钮有气孔的紫砂壶，通过控制按压气孔调整出墨量以成就笔画的粗与细，全程呼吸平稳，"字"才能一气呵成。它的难，难在气息调整，我必须确保赛场上情绪稳定，因为命题就是气息，一旦赛场紧张，我的立意就会作茧自缚。俗话说"成也萧何，败也萧何"，让人觉得"难"是书法本身就是一种艺术，我好不容易练就的童子功，能让评委感受到我的多元，同时，我的执壶书法独一无二，它能扣人心弦，只要"题"有绝活之意，我便有背水一战之心。

立意二：到此，能耐被看见，绝活被承认。但"绝活"如何有益于教学，还需进行关联设计。虽说书道与茶道在气息调整方面如出一辙，但要在 6 分钟时间内向评委老师呈现，就需要有形象化的载体传递，由此，我将气息稳定通过三关联进行具体化落地：紫砂出墨—盘香流注—茶程演示。紫砂壶书法在于运笔的缓、急、顿、挫，需要将气息调匀融入壶中，调气息控壶；盘香流注（以不湿盘香为目的，以缝隙为渠注水），在于控壶的细、缓、高、长需要心、脑、手协调；茶程螺旋水势（以茶胆为中心，向外逆时针环绕注水）的粗细、力道需要气息通畅、控壶得法。这样，就能短时间内让评委老师厘清我的绝活要义——紫砂壶书法跟茶程式有关！

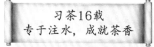

习茶16载
专于注水，成就茶香

- 紫砂壶书法在于运笔的缓、急、顿、挫，将气息调匀融入壶中，控壶

- 盘香流注的细、缓、高、长，需要心、脑、手协调

- 螺旋水势的粗细、力道，需要气息通畅、控壶得法

紫砂出墨—盘香流注—茶程演示

立意三：到此，紫砂书法与茶程式的关联就被看见了。回归我自己对教学绝活的解读，它是一种在规定时间内将教师的技能传递给学生的方法及路径。我行茶的气息是基于我的书法童子功，它让我行茶时比许多人多了些许

安定与自在，这是书法带给我的技术，但《茶》课时额定不可能实践书法教学，加之，青教赛赛标突出现代信息技术运用的要求，因此我需要研发"一种基于书法气息调整的'线上＋线下'教学路径"。为此，我收集了20多位茶师、30多位茶修营学员的行茶视频，反复观看，仅专注于注水这个工作要素，找到了一个普遍性现象——很多人在注水的那一刻动作会有延缓，有人延缓的时间长，有人延缓的时间短。这问题出在哪呢？出在对茶形与注水范式的关联方面不够清晰，记忆不牢，比如，紧压茶形适用高冲水还是低斟？松散茶形适合环注还是定点？所以，抓手来了，以书法控笔训练图示关联茶形形成注水范式图谱，在图谱上进行控笔训练，以控笔训练捋顺气息，同时记忆茶形，工匠手艺来自长年累月的肌肉记忆，怎样养成学生"见茶能开""依形忆谱"，这便是我的抓手！

＊展开

展开一：设计注水五图谱。建构主义学习理论认为，应该尽量将学习者已有的生活经验同新知识信息关联起来（形象的东西才能记得牢）。因此，我将书法的控笔训练与茶程注水的水势做了关联并设计出训练手法，图谱强化形象记忆并训练气息，手法强化肌肉记忆并训练气息，双管齐下，设计了适合不同茶形的五种注水训练图谱：针对条索蓬松易浮起茶形的"中心环绕冲泡"图谱，针对砖、饼等块状茶形的"正心定点低斟"图谱，针对毛尖银针等细嫩茶形的"沿壁环绕冲泡"图谱，针对乌龙茶等重高香茶形的"沿边定点高冲"图谱，针对茶形碎、投茶量多茶品的"沿边定点低斟"图谱。

展开二：开发注水小程序。五种注水训练图谱依循"控笔训练—注水训练—冲泡实战"三个环节展开。每份图谱均有二维码关联注水小程序，学生通过扫描二维码，在小程序的指引下，绘图谱、观视频、比对训练，高效掌握注水要领。

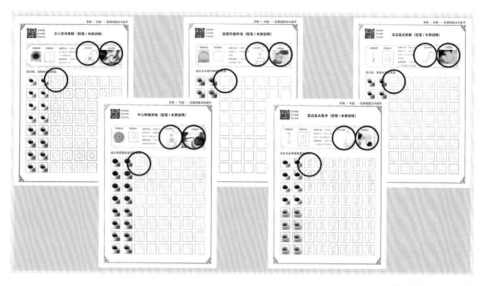

茶程注水五图谱

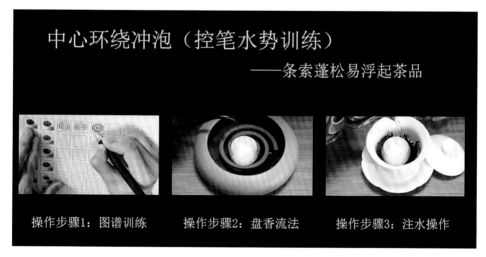

茶程注水小程序

展开三：学生"前—后"呈现。五种注水训练图谱是否真实有效，需要检验品控。写到这里，感动又涌上心头，时间紧迫，同事联动策划，学员亲善实验，结果欢呼雀跃。

在 6 分钟内，我要呈现学生"五谱训练"的"前—后"效果比对，展示学生"线上＋线下"注水训练。让训练成效一目了然。

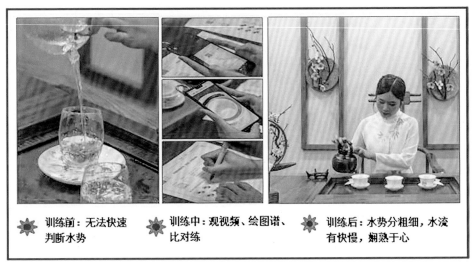

🌸 训练前：无法快速　　🌸 训练中：观视频、绘图谱、　　🌸 训练后：水势分粗细，水流
　　判断水势　　　　　　　　比对练　　　　　　　　　　　有快慢，娴熟于心

学员苏俊仪

"五谱注水训练法"融合书法的控笔训练法和茶程注水控壶法的要义，对标中国茶叶学会茶艺竞赛标准，形成既能强化形象记忆，又能强化肌肉记忆，还能训练气息的创新教学方法，并在实践中突显其训练气息的成效，形成了颇具特色的"茶缘书道"的信息化教育模式。现已以"版权汇编作品"进行教学方法流程、训练内容及图纸整体布局等版权专利保护，有具体的教学工具与载体开展推广。

教学绝活"茶缘·书道——五谱成就注水能手"让无形的文化纸质化，让百变的茶艺形象化，让静心修身水到渠成！它是茶修营美育自信的根底，它将书法的神美以形美关联茶品茶形，精技训练，抒发心志。这是茶修营对"全人"的追求。

❀ 2020 年冬天，"宋点百戏"是茶修文化自信的"法宝"

2016 年春，茶修营雨水节气诗词汇，偶得一诗词："绿泛一瓯云，留住欲飞胡蝶"（宋代朱敦儒《好事近·绿泛一瓯云》）。萝云缦生，须臾散灭，动静物象的画面时刻萦绕脑海，欲罢不能。

诗词的撞见开启了我们的宋点之旅。

宋代点茶，茶叶碾末，末投碗里，稍注沸水，调成膏状，再行沸水，茶筅搅动，茶末上浮，形成粥面，乐趣横生。因其注水轻盈，犹如蜻蜓点水，故称点茶。

以茶馆主理人倪玉璇

点茶有七汤，汤瓶注水，茶筅击拂，茶汤逐渐形成"疏星皎月""珠玑磊落""粟文蟹眼""轻云渐生""浚霭凝雪""乳点勃然"，最后"乳雾汹涌，溢盏而起"，形成美丽的沫饽，尽显茶汤之美。（宋徽宗《大观茶论》）

一套完整的点茶用具需 12 器，接驳一套用水系统、一套研磨系统。南宋审安老人所著《茶具图赞》。为其一一赋名，称"十二先生"——石转运、韦鸿胪、金法曹、木待制、罗枢密、司职方、陶宝文、竺副帅、宗从事、漆雕密阁、胡员外、汤提点。

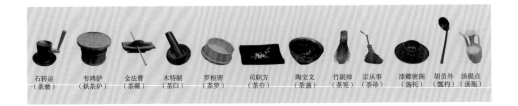

石转运	韦鸿胪	金法曹	木特制	罗枢密	司职方	陶宝文	竹副帅	宗从事	漆雕密阁	胡员外	汤提点
（茶磨）	（煨茶炉）	（茶碾）	（茶臼）	（茶罗）	（茶巾）	（茶盏）	（茶筅）	（茶帚）	（盏托）	（瓢杓）	（汤瓶）

一套完整的七汤点茶法，也是点茶的最高层次。宋徽宗赵佶《大观茶论》中，对点茶技巧说明得非常详细，如对茶筅搅拌轻重、击筅方式均多有著墨，点茶之美是极致享受。

一汤：量茶受汤，调如凝胶

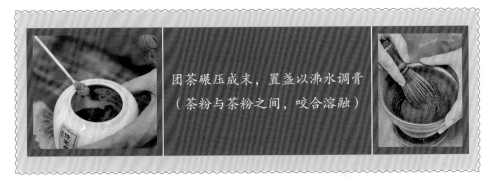

团茶碾压成末，置盏以沸水调膏
（茶粉与茶粉之间，咬合溶融）

二汤：击拂既力，珠玑磊落

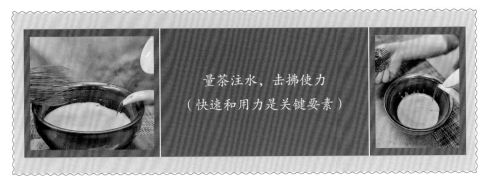

量茶注水，击拂使力
（快速和用力是关键要素）

三汤：渐贵轻匀，粟文蟹眼

徐徐击沫，茶面现汤花
（用筅均匀，汤花蟹眼涌起）

四汤：稍宽勿速，轻云渐生

击筅缓拂，茶面微白，云雾渐起
（用筅幅度大，速度稍少）

五汤：乃可稍纵，茶色尽矣

水乳交融，茶面如凝冰雪
（击筅随意，凝集汤花）

六汤：以观立作，乳点勃然

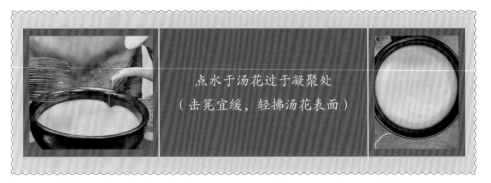

点水于汤花过于凝聚处
（击筅宜缓，轻拂汤花表面）

七汤：乳雾汹涌，溢盏而起

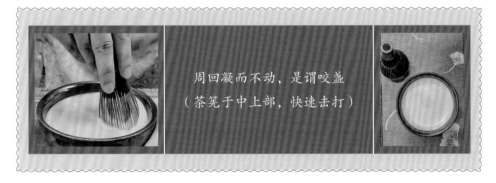

周回凝而不动，是谓咬盏
（茶筅于中上部，快速击打）

　　宋点精致、细腻，它内敛而又诗意连绵，它写意而又娴雅精细。"点茶"是中国茶文化发展到极致的一种品饮方式，它代表的是中国文人在精神生活上的极致追求。

　　汤面乳雾溢盏而起，需要千百次汤中击筅，是上、是下、还是中？是急、是匀、还是恰如其分？是力大、是力小，还是两得其中？是轻、是缓，还是执两用中？均需审曲面势，法随汤迁。

　　宋点七汤，"稍宽勿速"是良工巧匠之为，"渐贵轻匀"是一丝不苟之标，"以观立作"是精益求精之志。凡此种种，我们苦工习得水乳交融，我们较真习得工匠精神。技能训练需磨炼心志，以宋代美学熏陶怡养性情，助学茶崇德一臂之力。我们开设了《宋点七汤 专精覃气》育人营地，通过七汤点茶训练与熏陶，将茶的和、静、怡、真精神融入到七汤茶修之中，潜移默化地影响我们的思想意识，端正我们的行为举止，让美润物无声。

七汤茶修	美育路径	育人要领
七汤特征	茶分七汤，各有千秋	求同存异，融合领会
击笔力度	分寸把握，拿捏得当	精益求精，磨炼心志
击笔技术	指绕腕转，精进技艺	学茶崇德，和睦共助

从茶笕与盏壁的一次次碰撞中，练就了柔和轻缓……从待一壶水开始，学会耐心与等待……从茶量、水温、时间的控制中，学会掌握分寸……从斟一杯茶开始，学会谦恭有礼……

2019年，一则关于章志峰老师"茶百戏"的报道，让我们宋点七汤训练又延展了许多好玩有趣的花样。

陶谷在《荈茗录》中记载："茶百戏，茶至唐始盛。近世有下汤运匕，别施妙诀，使汤纹水脉成物象者，禽兽虫鱼花草之属，纤巧如画，但须臾即就散灭。"它的美妙之处在于用具极简，无笔无色，清水作画，以注汤与茶勺搅动，幻变汤纹水脉，又称分茶、水丹青。

我喜好画画，我喜欢茶百戏的幻化无穷。勤能补拙，练习数月，我也能在汤面上留下赏心悦目的纹路和物象了。

"象中有意，意中有象"，由于汤花易于弥散的特点，所以犹如水墨画的品鉴，不在"形"，更在"意"，也即"不似之似"。在"似"与"不似"之

间留白，留下念想，这与中国的哲思智慧是相同的、一致的，最终指向的对象是"无"——无用大用，无为自然。

五年的寸积铢累，喜获"茶百戏"技艺传承与创新工作室立项，五年的摩拳擦掌，终得以从风而靡，这是以优秀传统文化培养文化自信的路径——"点茶""斗茶""茶百戏"，引领学员沿着中国茶文化的历史脉络，体悟因茶而生的丰厚文化（文化自信）；于"择器选水、以气成画"的实践里，体悟茶艺技术的精妙趣味，涵养工匠的精细化品质（工匠精神）；在品读茶墨俱香的文艺作品中，感受多元的审美情趣（精神愉悦）；在择具备器中不断磨炼意志（以劳育德）；悉心体会茶百戏"养心""静心""覃美"之益，获得身心的健康与愉悦（知、情、意、行和谐发展）。

◉ 2022 年夏天，"纯茶调饮"是茶修觉知悟美的"作品"

2022 年处暑，天空湛蓝，云朵飘摇，漫茶堂师生茶友齐聚一堂，以"话家乡"为题主理了一场茶叙。暑假刚过，大家带来了各地的特产，潮汕的油甘、从化的荔枝、湛江的菠萝、云南的杨梅、阳江的黄皮……

学生们围坐一席，笑语盈盈。一学生手捧油甘，细嚼慢咽，忽而抬首，目光瞥向那碧螺春茶……她取一小盏，斟入碧螺春，再夹起一枚油甘捣碎，置于盏中。油甘与碧螺相遇，瞬间激发出别样的风味，甜中带酸，酸中有甘，宛如一曲和谐的乐章，在舌尖上跃动。众人见状，纷纷效仿，尝试将各种果实与茶相融。茉莉花茶与荔枝果肉的搭配，更是令人眼前一亮。茉莉花茶的香气与荔枝的甜润相互辉映，茶香中渗着果蜜，果香中又有茶甜，宛如一对佳人，美不胜收……

一时间，茶叙之中，果香四溢，茶香缭绕。学生们一边品味着果茶的美妙滋味，一边畅谈着各自的趣事，欢声笑语不断。

茶叙中"果与茶的相遇"如同一场"头脑风暴"，它在刹那间划破黑暗，为漫茶堂"育美事"带来全新的视角和思考——纯茶调饮的美育浸润。

2022 年 10 月 22 日，我们参加了"广府茶艺调饮集训"，系统化学习了茶调饮的"科学性""协调性""健康性""特色性""美观性"调配原理与规则,并创新调制了"味协、香郁、形美、意契"皆具的六款调饮茶。

* 茶与酒邂逅——玫瑰岁月

材料:老六堡 5g、露酒 10mL、干玫瑰花 8 朵、糖浆 15mL、冰块 10 块

器具:盖碗、量杯、公道杯、雪克壶、电子秤、冰碗、烧水壶、计时器、冰夹、香槟杯、配料碟、玻璃杯

茶:水 =1:25　　　茶汤:酒 =10:1

5g:125mL　　　　100ml:10mL

操作量规:

◎花酒交融:将 7 朵玫瑰花放入盛有 10mL 茗酿的玻璃杯中,裹上保鲜膜(保持酒香不散),浸泡约 2 小时,得玫瑰花茶酒。

◎茶汤冲泡:将 5g 熟普投入盖碗中,沸水冲泡,闷泡 2 分钟等待茶汤的同时,将 1 朵干玫瑰花摘成玫瑰花瓣备用,出汤至公道杯。

◎茶汤冷却:茶汤沥出,将盛有茶汤的公道杯放置于加有凉水及少量冰块的冰块碗中,快速冷却茶汤。

◎茶酒交融:雪克杯中依次加入冰块 10 块、糖浆 15mL、玫瑰花酒 10mL 及 100mL 冷却的茶汤;盖紧雪克杯盖子,单手拿起,利用手腕力量呈 S 形上下摇晃摇至冰块融化且有丰富的沫饽即可停止。

◎冰杯处理:在香槟杯中加入适量冰块,冷却杯子起雾倒出冰块。

◎饮品装饰:将摇好的茶汤倒入香槟杯中,倒入杯中时注意缓慢,在沫饽上放置 2~3 片玫瑰花瓣作点缀即可。

◎"玫瑰岁月"即可饮用。茗酿的醇和与玫瑰花的酸香交融,熟普的木香充盈而又活泼,每一口都醇厚绵滑。

美育作品赏析:

《茶与酒邂逅——玫瑰岁月》:在时光的长河中,茶与酒悄然邂逅,碰撞出一段别样的绚烂岁月。

老六堡历经岁月沉淀的醇厚，宛如一位沉稳睿智的智者，散发着古朴的气息。而露酒恰似一位灵动的仙子，带着丝丝醉意与浪漫。当它们交融在一起，仿佛是一场奇妙的梦境。

端起，轻抿，茶的甘醇与酒的馥郁在口中交融，仿佛能感受到岁月的韵味在舌尖上舞动。老六堡的沉稳平和了露酒的些许烈性，让口感更加醇厚而柔和。那一瞬间，仿佛时光都为之驻足，沉浸在这美好的滋味中。茶与酒的邂逅，不仅仅是味觉的享受，更是心灵的慰藉。它让我们懂得，生活无需过于浓烈，也无惧过于平淡，恰如其分的交融才是最美的境界。恰似这淡淡的交融中绽放出的无尽魅力。让我们珍惜每一次这样的邂逅，在茶香与酒浓中，品味人生的真谛，书写属于自己的玫瑰岁月。

* 茶与花相逢——桂花熟水

材料：杏仁香单丛 5g、桂花 5g
器具：盖碗、公道杯、炙烤炉、烤匙、蜡烛、品茗
　　　杯、茶巾、砂铫、红泥炉、荔枝碳、山泉水
　　　（25 ≤ TDS ≤ 35）

操作量规：

◎凝聚花香：点上炙烤炉，将 5g 桂花均匀铺置在烤碟上，伴随着蜡烛持续加温，桂花香气四溢，此时将品饮杯倒扣于桂花之上，桂花的芬芳凝聚成水珠挂于杯中。

◎茶汤冲泡：冲泡杏仁香单丛，茶水比 1：25，即冲即出，置于公道杯，再由公道杯匀分到每一盏挂满盈香水珠的品饮杯中。

◎"桂花熟水"即可饮用。杏仁茶汤漾起花香，茶的甘醇包裹着桂花的馥郁，每一口都甜润无比。

美育作品赏析：

《茶与花相逢——桂花熟水》：茶与花，本是天地间至美的邂逅。"一抹淡雅的芬芳"与"一缕清幽的气息"，在时光的流转中交织出无尽的韵味。

桂花，宛如仙子遗落人间的精灵，小巧玲珑却香气四溢。单丛，历经岁月沉淀，自有一份醇厚与深沉。当桂花与单丛相遇，恰似一场灵魂的共振。

轻嗅，桂花的香甜与单丛的茶香相互交融，弥漫在空气中，让人沉醉其中。轻抿一口，茶汤在口中流转，先是单丛的醇厚在舌尖散开，而后桂花的清甜徐徐袭来，如同一场美妙的舞蹈，在味蕾上尽情演绎。

在纷繁的世间，能有一杯茶，让我们静下心来，感受自然的恩赐，品味生活的美好。它让我们明白，平凡的日子里也可以有如此诗意的瞬间，如此动人的滋味。

"采菊东篱下，悠然见南山。"我们在这茶与花的相逢中，寻得一份内心的舒适与自在。让我们珍惜每一次与美好相遇的机会，用一颗诗意的心去感悟生活的点点滴滴，让那茶香与花香永远萦绕心间，成为生命中最温暖的记忆。

＊茶与果融调——千山暮雪

材料：茉莉花茶 8g、青提糖浆 40mL、去皮青提果肉 60g、冰牛奶（特仑苏）100mL、奶盖粉 50g、香水柠檬片 1 片、冰块 180g

器具：泡茶壶、量杯、公道杯、雪克壶、电子秤、冰碗、烧水壶、计时器、冰夹、搅拌机、PC 杯、配料碟、电动打奶器、打奶缸、吧勺

操作量规：

◎奶盖制作：50g 奶盖粉、100mL 冰牛奶加入打奶缸，用电动打奶器搅拌至细腻即可（奶盖需冰镇 6 小时）。

◎茶汤冲泡：泡茶壶内加入沸水 200mL，冷却至 90℃，将茉莉花茶倒入泡茶器中，计时闷泡 5 分钟后出汤，加入 120g 冰块，用吧勺搅拌均匀。

◎水果准备：等待茶汤的同时，将洗干净的青提剥皮，取 60g 备用。

◎茶浆融合：在搅拌机内加入 150g 冰块，青提糖浆 40g，50mL 茶汤，挤入少许柠檬汁，启动搅拌机将物料搅拌至均匀。

◎茶果交融：雪克壶内加入 1 片柠檬片，4 块冰，暴打后加入 100mL 茶汤摇至均匀。

◎饮品装饰：将青提果肉加入杯中，倒入冰沙，加入摇好的茶汤至 7 分满，加入奶盖至 9 分满。

◎"千山暮雪"即可饮用。茉莉花香环绕着青提果肉，奶盖鲜滑罩住了花香，茶的清冽裹着青提的甜爽，每一口都甜鲜圆美。

作品赏析：

《茶与果融调——千山暮雪》：绿茶的清新淡雅，恰似山间的一抹云雾，悠悠飘荡；青提的鲜嫩多汁，宛如夜空中闪烁的星辰。

当绿茶与青提相遇，翠绿的茶汤，在杯中轻轻摇曳，透着丝丝凉意；青提的果肉，在水中沉浮，散发着诱人的果香。轻轻抿上一口，绿茶的苦涩与青提的甘甜在舌尖交织，碰撞出无尽的美妙。

茶，蕴含着岁月的沉淀与宁静；果，承载着自然的馈赠与活力。它们的融合，不仅仅是味觉上的享受，更是一种对生活的热爱与感悟。

千山暮雪，岁月静好。让我们怀揣着对生活的热爱，品味这茶与果融调的美妙，在茶修时光的画卷中留下属于自己的精彩篇章。让那一抹茶香与果甜，萦绕在我们心间，成为美育教态中最温暖的记忆。

*茶与奶交融——宋韵奶茶

材料：滇红 8g、白砂糖 15g、奶盖粉 50g、纯牛奶 250mL、冰块 15 颗（视季节选择加或不加）

器具：300mL 玻璃壶、量杯、公道杯、雪克壶、电子秤、冰碗、烧水壶、计时器、冰夹、玻璃杯操作量规：

◎奶盖制作：50g 奶盖粉、100mL 冰牛奶加入打奶缸，用电动打奶器搅拌至细腻即可（奶盖需冰镇 6 小时）。

◎冲泡茶汤：在泡茶壶内加入茶叶，加沸水至 200mL，计时闷泡 5 分钟后过滤茶汤，在茶汤中加入 120g 冰块。

◎茶奶交融：在雪克壶内加入冰块 8 颗、茶汤及纯牛奶 200mL，充分摇匀。

◎图案造型：将摇匀交融的茶汤倒入 PC 杯中，加奶盖封杯，最后在奶盖上方用漏影春做图案造型。

◎宋韵奶茶即可饮用。鲜滑的奶盖将滇红的微酸裹住，释放出滇红的蜜韵与浓郁的奶香，每一口饮品鲜滑而醇爽。

作品赏析：

《茶与奶交融：宋韵奶茶的美学盛宴》：茶与奶，恰似古老时光中悄然邂逅的两个音符，一经交融，便奏响了一曲动人心弦的美妙乐章。在悠悠宋韵长河里"茶"自千年前便承载着中华文化的深厚底蕴，茶的清新淡雅仿佛带着古人的智慧与宁静。滇红更是红中翘楚，以其独特的韵味和醇厚的口感，散发着迷人的魅力。牛奶的加入，为茶增添了一份温润与柔和。它如同一缕温暖的阳光，洒在茶的世界里，让原本略显清冷的茶汤变得柔和可亲。而茶的底蕴，则如同一座坚实的基石，稳稳地托住牛奶的香甜，使其不至于过于甜腻。两者相互依存，相互成就，共同演绎出一种别样的美妙。

品味一杯宋韵奶茶，我们不仅是在享受美食，更是在感受一种艺术的氛围。精致的茶具、细腻的调制过程，无一不展现着一种对美的追求和敬畏。它让我们懂得欣赏细节之美，感悟生活中的点滴美好。

*茶与茶包容——红韵佳人

材料：单丛红 6.25g、东方美人 3.75g、柠檬片 2 片 /
柠檬汁 5mL、红石榴糖浆 10mL、糖浆 8mL、
冰块 25 颗、薄荷叶

器具：300mL 玻璃壶、量杯、公道杯、雪克壶、电
子秤、冰碗、烧水壶、计时器、冰夹、玻
璃杯

操作量规：

◎茶汤冲泡：在玻璃壶中注入 150mL 沸水，将 10g 茶叶投入壶中闷泡 3 分钟。

◎鲜味制作：将 2 片柠檬片放入雪克杯，并用柠檬锤打碎柠檬果肉，尽量保持果皮完好。量取 10mL 石榴汁和 8mL 糖浆。

◎茶汤冷却：冰碗中备好适量冰块，茶汤沥出至公道杯后并在冰碗中摇晃至冷却。

◎饮品交融：取 20 粒冰块（约 180g）放入雪克杯，并倒入石榴汁、糖浆和冷却后的茶汤；盖好雪克杯的盖子，单手将摇酒器拿起，利用手腕力量 S 形上下摇晃雪克杯，直至听不到冰块碰撞雪克杯的声音即可。

◎饮品装饰：将摇好的茶汤从雪克杯倒入玻璃杯（提前放入 5 块冰），并放入 2~3 片薄荷叶作点缀。

◎"红韵佳人"即可饮用。单丛红张扬的果甜与东方美人的温和蜜韵相得益彰。两种茶，一刚一柔，相互交融，犹如一场美丽的邂逅，给人带来无尽的惊喜。

作品赏析：

《茶与茶包容——红韵佳人》：茶，一片小小的叶子，蕴含着无尽的奥秘与韵味。

红韵佳人，单丛红与东方美人的奇妙调饮，便是一场美的交融与浸润。单丛红如火般热烈的色泽，仿佛带着岁月的沉淀与故事，轻轻一嗅，便能感受到它独特的香气，醇厚而馥郁。东方美人，则如一位温婉的女子，带着淡淡的优雅与柔情，二者相遇，便是一场视觉与味觉的盛宴。

茶之包容，如同那宽广的胸怀，能容纳世间万物。它不挑剔器具的精美，不苛求环境的奢华，只需一杯清水，便能展现出它最纯粹的本质。无论是在繁华的都市街头，还是宁静的乡野山间，茶都能找到属于自己的角落，散发着迷人的魅力。

单丛红的浓郁与东方美人的清鲜相互融合，彼此成就，没有谁压制谁，而是共同营造出一种和谐而美妙的氛围。就如同人与人之间的相处，需要相互理解、相互包容，才能构建出一个温暖而美好的世界。

双茶的美育浸润，不仅仅是口感上的享受，更是心灵的一次洗礼。当我们静下心来，细细品味一杯茶，感受着它在口中的流转，仿佛能忘却尘世的喧嚣与烦恼，进入到一个宁静而美好的境界。那一抹茶香，如同一位温柔的使者，抚慰着我们疲惫的心灵，让我们重新找回内心的平静与安宁。

* 茶与咖啡碰撞——无限可能

材料：陈年景迈老熟普 5g、瑰夏 15g、果糖或蜂蜜 10mL

器具：厚壁茶壶、量杯、公道杯、宫廷壶、磨豆机、分享壶、滤杯、滤纸、计时器、电动打奶器、滤网、玻璃茗杯（250mL）

操作量规：

◎茶汤冲泡：将 5g 陈年景迈老熟普投入厚壁玻璃壶中，注入 150mL 沸水，闷泡 3 分钟后，盛出茶汤备用。

◎咖啡手冲：将 15g 瑰夏咖啡豆研磨成粉（砂糖颗粒一般大小），置于滤杯（温湿滤纸）中，采用水温 90℃、小水流、盘香环绕注水冲煮，盛出咖啡备用。

◎饮品交融：取量杯，倒入 150mL 咖啡，50mL 普洱茶，加入 10mL 果糖或蜂蜜，使用电动打奶器开足马力充分搅拌交融。

◎饮品装饰：取出玻璃茗杯（放入 5 块冰），将滤网放置于玻璃杯上，再将交融的"茶＋咖啡"缓缓倒入玻璃茗杯之中。静置至沫淳与汤体分层即可品赏。

◎"无限可能"即可饮用。咖啡张扬的果酸与景迈熟普的花香相得益彰。茶与咖啡，刚柔并济，和而不同，包罗万象。

作品赏析：

《茶与咖啡碰撞——无限可能》：景迈熟普与咖啡相遇，仿佛一场神奇的魔法盛宴：景迈熟普，历经岁月的沉淀，有着独特的陈香与醇厚，宛如一位历经沧桑却依然散发着魅力的智者。而咖啡，苦涩中带着一丝甘甜，又恰似生活中那无尽的挑战与惊喜。

茶与咖啡的碰撞，不是简单的相加，而是一种相互激发、相互成就的美妙过程。它们在味蕾上翩翩起舞，熟普的沉稳与咖啡的灵动相互映衬，让口感变得更加丰富多样。

茶饮美育，如同这两者的碰撞，浸润着我们的心灵。它让我们在欣赏美的过程中，感受到生活的真谛与价值。茶与咖啡的调饮，不仅仅是一种味觉的享受，更是一种对生活艺术的追求。它教会我们在平凡中发现美好，在琐碎中寻找诗意。

茶与咖啡的融合，也是我们在生活中不断探索、创新的体现。它让我们敢于打破常规，勇于尝试新的事物，从而发现更多的可能性。

在这茶与咖啡碰撞的无限创意中，我们沉醉其中，感受着美育的浸润。它让我们的心灵得以滋养，让我们的生活变得丰富多彩。

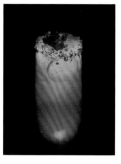

千山暮雪，人依旧　　灿如秋华，盛斜阳　　微生转觉，稍苍黄

翠羽璀璨，醉轻盈　　　　　瑰丽葱翠，绿意莹

梨子金黄，桂花繁　　和煦清艳，摇曳芬　　气泡轻舞，蕴清凉

陌人如玉，落凡尘　　温润浓郁，宛如蜜　　尝矜绝色，复持姿

　　"一个契机"＋"一处根底"＋"一例法宝"＋"一项行动"＋"一份作品"，让我们"茶覃美——育美事，怡情趣"有了载体，有了方法，有了成效。

三、育美事，怡情趣

——茶覃美·茶席美·训练营

❂茶覃美·茶席美·训练营——训练内容

训练营地	育美事，怡情趣——茶席美	训练场所	漫茶堂，50 个工位
训练形式	师徒共进—同伴互助—自身巩固	训练载体	茶席 AR 素材库
内容分析			

　　《茶·修》的美感教育是以"茶"为载体，培养学员认识和创造美的能力，茶品之美（茶分六色，各有千秋）、茶器之美（烹茶尽具，酺以盖藏）、茶艺之美（茶艺茶程，静心修身）、茶人之美（内有万千事，相如清风生）、茶席之美（茶席窥美，茶路无尽）五大美艺贯穿全课程。

　　"茶席之美"涵盖茶品美、茶器美、茶人美，为沏茶增添审美情趣。

　　《茶·修》分成"茶育行、茶精技、茶清境、茶养德、茶覃美"五修，本营选取覃美营，是在精技训练之后的自我提升项目，茶席之美是否得体，直接关系到茶事接待，关系到品茗氛围——"悦泡好茶，席需用心"。

学员学情	
知识与 技能基础	1.掌握茶类辨识方法。 2.明确茶类茶品习性。 3.掌握茶艺行茶 5 规程。
认知与 实践能力	1.能分辨茶之六色。 2.掌握各类茶品行茶要义。 3.思维跳跃，想象力丰富。

续表

学员学情	
学习特点	1. 积极主动，但抗挫能力较弱。 2. 好分享，轻积累；喜新奇，忧负荷。 3. 属于互联网原著民一代，熟练新媒体。

　　基于以上特征，我们的学员对于动手操作训练，兴趣浓郁；但知识积累层面的努力就稍逊一筹了，怎样因茶设席？怎样依人设席？怎样达成"茶席和谐之美"？需要师者设置贴近生活常识的任务活动来进行新知识的关联与内化。所以，在学习种类繁多的茶品知识时，需要有直观的学习载体，如"茶席 AR 素材库"；需要通过设置能调动其合作意识的训练活动来激发学习兴趣，如"为君设席""请君设席"PK 等。

训练目标	
知识目标	1. 熟悉茶席构成要素。 2. 掌握茶席设计评判标准。 3. 了解茶席设计的艺术创造主观性。
能力目标	1. 能够准确选择合适创设主题的茶席用具。 2. 能够设计一款适合同伴的行茶席。
素质目标	1. 在"依茶设席"的实践中，培养艺术审美能力。 2. 在"依人设席"的实践中，培养敬人仪规，激发创新思维。

训练重点和难点	
教学重点	依"茶"设席
处理方法	1. 自主研发"茶席 AR 素材库"训练小程序，通过 AR 认知更多茶席器具，解决资源的制约问题，加强形象思维；通过 AR 学员可在素材库进行快速布席，大大节约课程布台时间，为手把手设席演示及修正争取时间。 2. 迁移酒店六常管理思维，设计"茶席构成要素 6S 管理"品评规则，让学员自评、互评有据可依。 3. 通过"请君设席"PK，通过平台自评＋互评，提高学员艺术审美能力。
教学难点	依人设席
处理方法	1. 选取 3 位学员模特，明朗其茶品喜好、结合其茶服茶妆容，"为君设席"； 2. 通过"为君设席"PK，通过平台自评＋互评，企师点评，提高学员艺术审美能力。

❂茶覃美·茶席美·训练营——训练策略

设计理念

为更好地达成训练目标，本营采用"四动渐进训练"理念。该训练模式以素质教育为根基，以知行统一为取向，以提高训练实效为目的，主要分为"培训前—策动→培训中—群体互动→培训中—个体灵动→培训后—行动"四个步骤，兼顾知识传授、情感交流、智慧培养和个性塑造，努力实现知与行相统一的育人实效。

"四动渐进训练模式"以"互动+灵动"为核心，提高落实训练目标的实效性。

1. 培训前—策动，主要是围绕训练内容布置任务，通过微课体验、小程序打卡等活动驱动学员进行有效预习，为训练互动探究提供知识铺垫。

2. 培训中—群体互动，重在实物导学，设问导思，通过精心设计探究活动，让学员在师徒互动、生生互动中实现思维碰撞，在参与中分享成功的喜悦，在体验中得以发展。

3. 培训中—个体灵动，重在以学定教，通过分层设计探究问题和实训活动，创设情境引导学员独学，并提供展示的平台（直播平台、超星平台、茶席 AR 素材库）。充分尊重每个学员独特的个性差异，凸显"层次性""独特性"的特点，确保每个层次的学员都有获得知识成果的成就感，从而激发学员的求学自信心和内在动力，构筑高效训练营。

4. 培训后—行动，引导学员内化知识，将理论知识与实践相结合，将所学转化为自身的自觉行为。如"请君入席""为君设席"等任务，通过训练行动使得知识得以拓展巩固。

该教学模式的基本流程如下图所示：

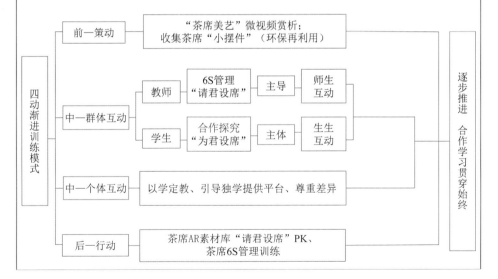

"四动"紧密相连、各有侧重,形成一个环环相扣、渐进深化的有机整体,从而实现训练内容与学员体验探究的有机整合,努力构建一个充满活力、充满智慧的训练营。

训练方法与手段

遵循茶馆"TCD:做认知、做教练、做发展"培训方法,开展翻转式学习、探究式学习等学习方法。

1. 茶席要素"做认知"——提炼为项目的原理性学习,采用实物介绍、实物五感体验等方法。

2. 茶席设计"做教练"——提炼为项目的操作性训练,采用任务驱动法、系统导引比对训练。

3. 茶席美育"做发展"——提炼为实践强化活动,采用作品互评、小程序训练等项目。

以上信息化学习手段均有具体平台、工具承载,训练过程中迅速反馈学情,训练重点与难点的解决效果均可在学员打卡及"测试"数据包中提取,以便我们依时、依事、依人施教。

(1)使用自主研发"茶席 AR 素材库",解决茶席素材资源的制约,进行茶人之美与茶席主题搭配训练,提升茶师审美情趣。

(2)从人的基础认识着手,调动学员以往的经验来吸纳"茶席之美"要求,内化茶席之美评判标准。

(3)通过我们现场"为君设席"演示与学员限时"请君设席"任务,巩固学员对茶席的形象认知。

"一种茶席 AR 素材库"以解决训练瓶颈为基点,率先实现教学专利申报,通过信息化手段加强文化熏陶力度及拓宽技艺训练路径。

训练资源

本营提供多终端的共享资源。利用成熟的信息技术,为学员提供多终端(PC 机、平板电脑以及智能手机)的学习资源,既扩大知识传播的范围,也为学员提供便捷的知识服务。

续表

类型	数量（个）	说明
教研成果（信息化教学资源）	茶席 AR 素材库、识茶形小程序、在线资源开放课程、沙画演绎茶文化、茶类导图绘编	"识茶形"小程序为本案例提供直播平台；"沙画演绎茶文化"延展文化自信；"茶席 AR 素材库"开展茶席、茶人匹配训练；在线精品资源开放课程为案例提供学习过程记录
教学软件	职业锚检测、16PF 软件	"北森人才测评"软件，为学情分析提供了科学数据报告
教学微课	微视频、微电影、PPT	泡茶微课（20 辑）、茶文化微课（20 辑）
技师资源	技师库；支持企业单位	技师库（25 人）；课程支持单位（18 个）
教学资料	"十三五"规划教材、新形态（立体化）实训教材、茶馆员工手册、茶书籍等	教材资源（4 项）；PPT（25 个）；茶书籍（20 册）
试题、试卷	466 道样题；茶艺师职业技能鉴定样题 10 套	单项选择题（200 道）、问答题（10 道）、判断题（200 道）、多项选择题（50 道）、实操题（6 道）

训练成效评价

1. 项目教学评价维度

（1）过程评价：突出训练评价的发展性，采用"多元评价＋立体化评价"方式，以评促学。

（2）评价构成：依托线上平台和软件工具评价训练前、训练中、训练后的三段数据；鼓励学员互助互评；任务参与、个人作品、小组 PK、卫生清洁等。

（3）增设企业技师评价：使用行企联动平台进行作品打卡、技术打卡，圈粉企业技师，拓宽职业路径，深化行企合作。具体评价维度及指标如下页表所示：

续表

评价维度	权值占比（%）
系统记录	20
营地教练	50
同伴评价	30

评价维度	指标细化占比（%）
前—策动	15
中—个体灵动	25
中—群体互动	25
后—行动	35

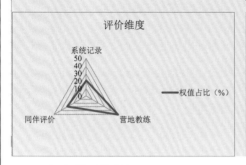

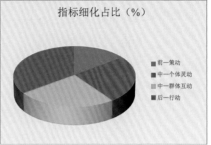

2. 项目评价系统创新

本营团队自主研发"茶席 AR 素材库"对学员茶席设计进行过程性记录（课前＋课中），并通过行企联动平台，学员展示茶席作品，圈粉企业技师。一个信息化系统提炼评价数据包，一个互动平台检验学员学习成果，让训练评价有据可依。

四动课堂评价明细表（系统）			
四动课堂	教学目标	评价数据路径	技能技术评价
前—策动	熟悉茶席构成要素 了解茶席设计的艺术创造性 了解茶席美育，随时随地变废为美	"茶席 AR 素材库"浏览记录	课程小程序导出学习数据包，统计学生自主学习频率及成绩（系统数据提取、互评）
中—群体互动 中—个体灵动	熟悉掌握茶席设计规程 能够高效依茶择席 师徒、生生茶席作品 PK	"茶席 AR 素材库"	茶席 AR 素材库，形成过程性评价数据（系统数据提取、师傅点评、同伴互评、自评表单）
后—行动	培养艺术审美能力 培养敬人仪规，激发创新思维	茶席作品自评、互评、师评 通过行企直播平台足迹，技师点评数据维度	行企联动平台提取学习数据包，获取企、生、师互动数据

❂ 茶覃美 · 茶席美 · 训练营——训练安排

训前预学
（选用自主研发的"茶席 AR 素材库"、超星在线等平台开展）

	训练环节与内容	师—活动	生—活动	设计意图
1	发布任务学习指南	超星平台发布任务	超星平台熟悉课程任务	明确训练指南
2	茶席美艺赏析	超星发布茶微视频	超星平台茶席美艺鉴赏	引起学员"有意后注意"
3	寻找生活中的茶席小摆件	布置发现美任务	收集生活美丽小摆件	强化茶席构成要素记忆

训中内化
（选用自主研发的"茶席 AR 素材库"、超星在线等平台开展）

	训练环节与内容	师—活动	生—活动	设计意图
1	任务发放	发放任务单，自评及评价表、发辅助材料	接受任务，检查材料	明确学习目标与内容
2	讲授＋展示	讲授茶席 6S 规则 展示"依茶设席"	记录"茶席 6S 管理" 为教师"设茶主题"	讲授展示，循规蹈矩； 强化学员依茶设席概念
3	训练＋竞技	布置"为君设席"任务 观察学员设席纠偏	了解学员模特喜好 借助 AR"为君设席"	掌握主题设席要义； 和睦共助，精益求精
4	检查＋评估	检查学员任务情况 茶席 AR 点评作品	AR 系统提交茶席作品 参与系统互评	检验学员茶席美艺掌握程度，多次进行"美育"熏陶

训后提升
（选用自主研发的"茶席 AR 素材库"、超星在线等平台开展）

	训练环节与内容	师—活动	生—活动	设计意图
1	小程序"打卡训练"	登录"茶席 AR 素材库"小程序，师徒互动	登录"茶席 AR 素材库"开展茶席设计打卡	通过 AR 打卡，巩固茶席美艺设计要义
2	"请君设席"	指导学有余力学员开展"请君设席"展示；指导尚需努力学员开展"茶席要素 6S 管理"训练	学有余力的学员开展"请君设席"展示；有待改善的学员开展茶席 6S 管理训练	开展茶美艺熏陶，在分享中和睦共助精进技艺

❀茶覃美·茶席美·训练营——模式反思

不足	1. 茶器茶席成千上万种，训练过程需要大量的茶具茶器等低值易耗品。通过 16 年的课程建设，茶器的实物积累虽然丰富但还是不完全足够。 2. 了解"茶席之美"对"茶事礼仪"的影响，掌握茶事与茶席的搭配要义等内容需要长时间的沉淀和反复琢磨，加上训练操作性强，学员互动需要手把手调整，时间紧张。
改进设想	1. 团队攻关研发"AR 茶样素材库"，解决茶品茶样耗材制约问题 攻关研发"AR 茶样素材库"，坚持训前、训中、训后"三步一脉"连贯推进的训练方式，丰富训前"茶席美艺"微课视频及优秀茶技师的茶席作品鉴赏视频、强化训中学员进行茶品与茶席的设计、增进训后学员茶席 PK 项目，三个步骤分别从"看、练、固"三个层面多次强化，循序渐进引导学员认知茶席，掌握茶席设计技巧，培养循规蹈矩、和睦共助的敬人仪规。 2. 完成了"训练计划"的"化学式"融入，未来应提高"训练日志"生态式融入效度 基于三教改革导向，茶席设计教法通过辅教系统的研发，催生学理、事理化学式融合，将思政元素转化为学员的思想元素，形成自身行为习惯；未来将着力点放在提高"训练日志"生态式融入，平衡"政理、学理、事理"的生态位，明确任务训练实施的路线图和时间表。

图书在版编目（CIP）数据

茶·修 / 陈洁丹，刘婧著. -- 北京 : 旅游教育出
版社，2024. 12. -- ISBN 978-7-5637-4771-9

Ⅰ. TS971.21

中国国家版本馆CIP数据核字第20246A6D10号

茶·修

陈洁丹　刘　婧　著

策　　划	李荣强
责任编辑	李荣强
出版单位	旅游教育出版社
地　　址	北京市朝阳区定福庄南里 1 号
邮　　编	100024
发行电话	（010）65778403　65728372　65767462（传真）
本社网址	www.tepcb.com
E - mail	tepfx@163.com
排版单位	北京旅教文化传播有限公司
印刷单位	唐山玺诚印务有限公司
经销单位	新华书店
开　　本	710毫米×1000毫米　1/16
印　　张	16.25
字　　数	205 千字
版　　次	2024 年 12 月第 1 版
印　　次	2024 年 12 月第 1 次印刷
定　　价	78.00 元

（图书如有装订差错请与发行部联系）